機械学習・統計処理のための数学入門

基本演算からRプログラミングまで

小酒井 亮太 著

技術評論社

はじめに

最近、データマイニングおよび統計・機械学習がとても流行っています。筆者もいろいろな本を手にとってはR言語で実装し、モデルを理解しようと試みてきました。また、本質を理解するため、できるだけライブラリに頼らず、自分の手でモデルを作成してきました。ですので、今回の拙著に関しても、そのような構成になっています。

データ分析の良書がたくさん出ている中で思ったのは、「なぜ数値計算の話が一緒に紹介されないのか？」という疑問でした。数値微分・数値積分の知識、特に数値微分に関しては、プログラムで計算するうえでは非常に役立つものだと感じているし、そのもとでさまざまなモデルのパラメータの最適化を行う、いわゆる反復法が際立ってくるのだと考えています。

本書の内容は、数値計算の基本的な部分として次の点を説明しています。

- **数値計算で必須になる差分と補間関数**
- **数値微分・数値積分**
- **反復法（ニュートン法・準ニュートン法など）**

また、反復法の応用事例は次のようなモデルを取り上げています。

- **対数尤度の最大化法や重回帰**
- **一般化線形モデル**
- **多クラス回帰モデル**
- **Bradley-Terry model**
- **二元表の解析モデル**

本書は、大学の初等数学程度の知識を前提としています。レベルは全然高くないので、ぜひ、皆さんに読んでいただきたいと思います。ただ、まったく数学をかじったことない方だと少々難に感じられるかもしれません。

本書の特徴は、反復法の適用事例について、くどいと感じられたら申し訳ないぐらい適用し、応用し、説明しています。また、データに対する適用事例を増やし、繰り返して学べるように作成されたコードでも結果が確認できるようにしています。

本書でデータサイエンスを行ううえでの、プログラムにおける微分・積分、すなわち、数値微分・数値積分および数値計算そのものの重要さを再確認していただけたら幸甚です。

2021年1月
小酒井亮太

本書の読み方

本書は大学の初等数学程度の知識がないと、数式の説明を読み解くのは難しいと感じられるでしょう。そのような場合は、プログラムを実行した結果などから読み進めてください。

ここでは、記号や関数について簡単に説明します。

◆使用するバージョン

本書のソースコードは次の実行環境で確認しています。

- Windows 10(64bit)
- R 4.0.3
- RStudio 1.4.1103

◆本書に掲載したソースコードのダウンロード

本書のサポートページがダウンロードできます。

URL https://gihyo.jp/book/2021/978-4-297-11968-3/support

◆記号

それぞれの記号は次の意味を表します。

- $\prod$：乗積
- $'$：行列に付いているものは転置、関数に付いているものは微分
- $\bar{y}$：平均
- $\hat{y}$：推定量
- $\sum$：和

◆関数

関数とは、数の集合に値をとる写像のことです。具体的には、八百屋で野菜を買う際に人参、大根、キャベツ、キュウリなどどれを手に取るかによって金額が変わってきますが、例えば変数をそれぞれ、人参を買った個数をX、大根を買った個数をY、キャベツを買った個数をZとします。

合計金額を表す関数は

$$人参の値段 * X + 大根の値段 * Y + キャベツの値段 * Z$$

となります。この時、3つの要因で説明できるので3変数関数といいます。

このように、多変数関数を扱うことでさまざまなものが表現できます。

◆微分

微分とは、簡単に言えば「変化の割合」および「変化量」です。八百屋さんの例で説明すると、微分という演算により次のようになります。

- Xで微分すると「人参の値段」になる
- Yで微分すると「大根の値段」になる
- Zで微分すると「キャベツの値段」になる

これらはすべて合計金額という関数値に対する変化量であり、野菜1個当たりの合計金額における増加金額を表します。

◆積分

積分とは、微分と逆の操作のことで、面積や体積を求めるものです。例えば、「人参の値段」を積分すると人参を買った合計金額になり、「大根の値段」を積分すると大根を買った合計金額になります。

目次

第1章

Rプログラミング環境の準備

まず、「R」と「RStudio」をセットアップします。RStudioはR言語の統合開発環境で、データや行列の開示、プログラムの実行では部分的に実行ができたりと、何かと役に立ちます。

なお、章末に本書で使用するパッケージも追加しているので、すでにインストールされている方も確認してください。

1-1 Rのセットアップ

Rは次のWebサイトからインストールします(**図1-1**)。

- CRAN

URL https://cran.r-project.org/

◯**図1-1**：

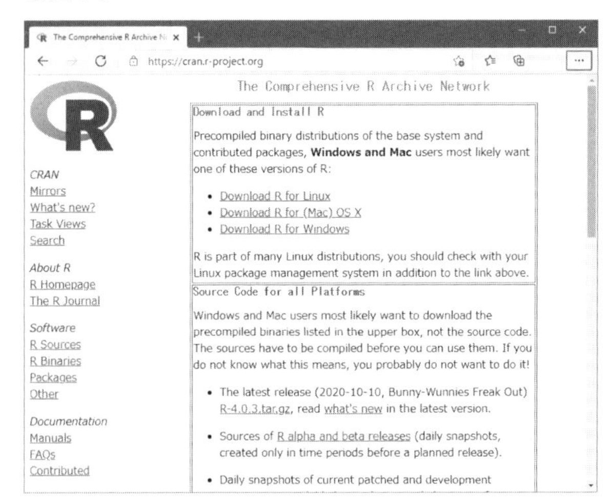

Rを使用する環境として「Linux」「macOS」「Windows」が用意されています。

ここではWindows版のインストール方法を説明します。なお、Rのバージョンは、最新のものだけでなく過去のものも用意されています。旧バージョンをインストールしたい場合は、次のWebページから入手してください。

- Previous Releases of R for Windows

URL https://cran.r-project.org/bin/windows/base/old/

◆ダウンロード

図1-1の「Download R for Windows」をクリックすると**図1-2**に移動します。

◯図1-2：

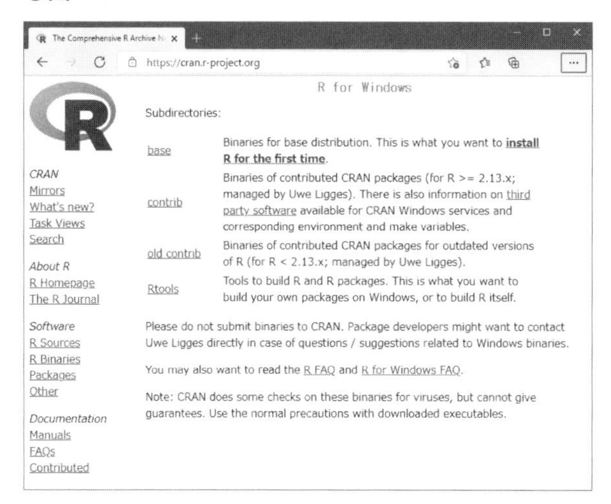

図1-2の「install R for the first time.」をクリックすると**図1-3**に移動します。

◯図1-3：

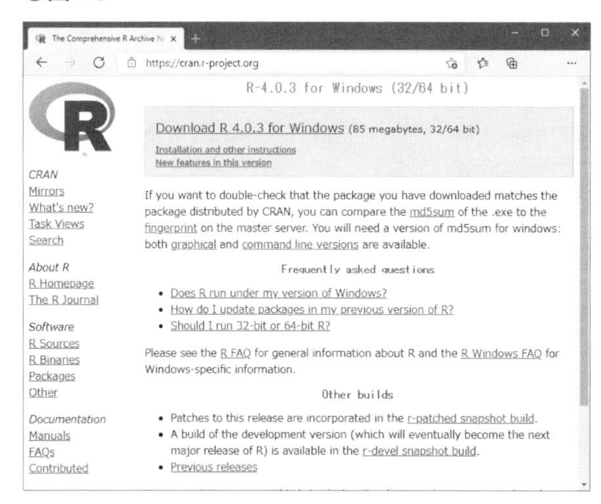

図1-3の「Download R 4.0.3 for Windows」をクリックすると**図1-4**のように下部に表示される「開く」（ブラウザによっては「実行」など）をクリックしてインストールを開始します。

○**図1-4**：

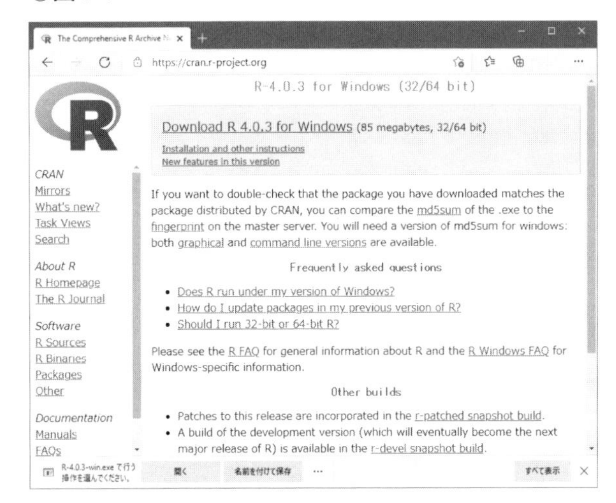

◆インストール

「セットアップ時に使用する言語の選択」（**図1-5**）は「日本語」を選択して進めます。

○**図1-5**：

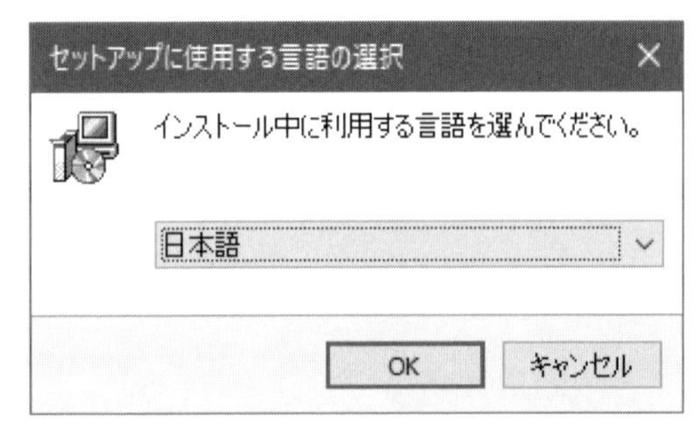

ここから先は「情報」(**図1-6**)や「インストール先の指定」(**図1-7**)、「コンポーネントの選択」(**図1-8**)、「起動時オプション」(**図1-9**)、「スタートメニューフォルダーの指定」(**図1-10**)、「追加タスクの選択」(**図1-11**)が聞かれるので[次へ]で進め、**図1-12**が表示されるとインストールは完了です。

○**図1-6**：

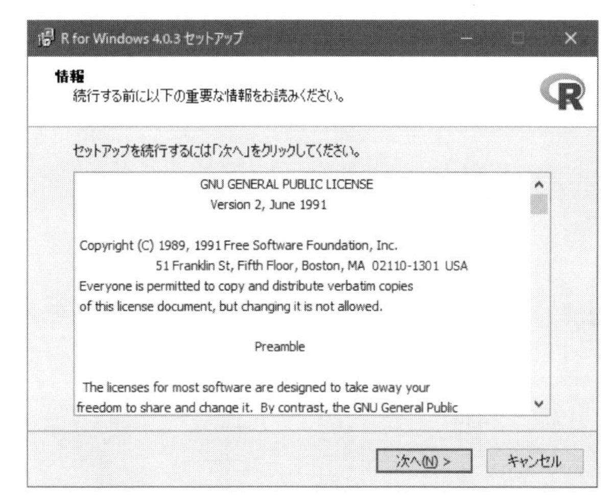

○**図1-7**：

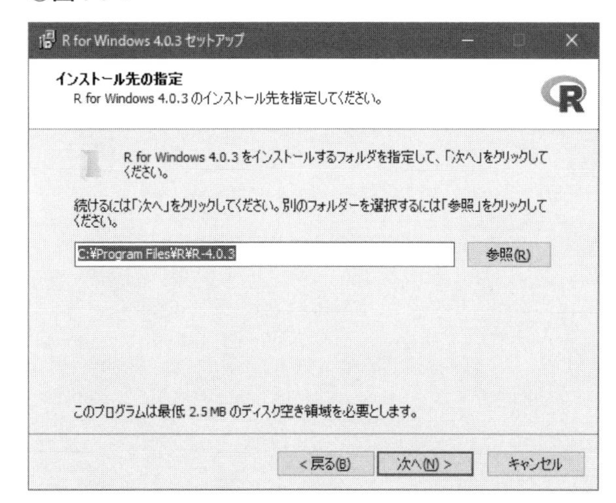

○図1-8：

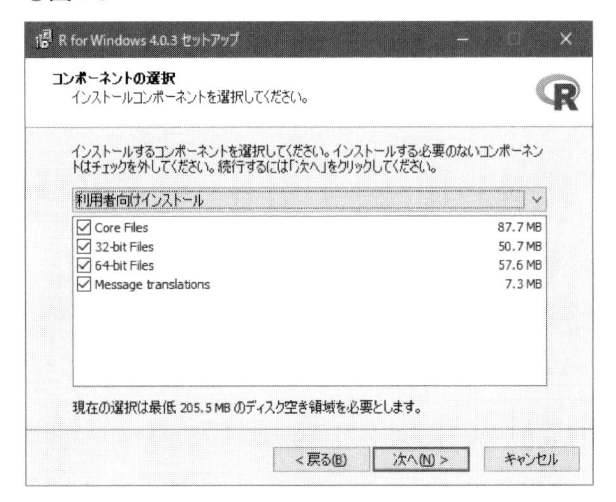
R for Windows 4.0.3 セットアップ
コンポーネントの選択
インストールコンポーネントを選択してください。
インストールするコンポーネントを選択してください。インストールする必要のないコンポーネントはチェックを外してください。続行するには「次へ」をクリックしてください。
利用者向けインストール
Core Files 87.7 MB
32-bit Files 50.7 MB
64-bit Files 57.6 MB
Message translations 7.3 MB
現在の選択は最低 205.5 MB のディスク空き領域を必要とします。
< 戻る(B)
次へ(N) >
キャンセル

○図1-9：

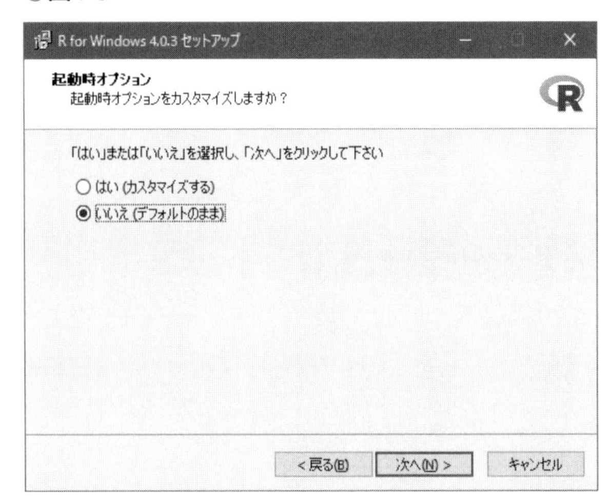
R for Windows 4.0.3 セットアップ
起動時オプション
起動時オプションをカスタマイズしますか？
「はい」または「いいえ」を選択し、「次へ」をクリックして下さい
はい (カスタマイズする)
いいえ (デフォルトのまま)
< 戻る(B)
次へ(N) >
キャンセル

○図1-10：

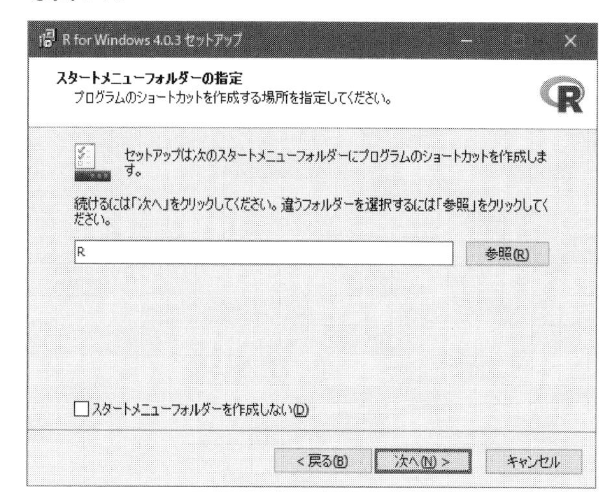
R for Windows 4.0.3 セットアップ
スタートメニューフォルダーの指定
プログラムのショートカットを作成する場所を指定してください。
セットアップは次のスタートメニューフォルダーにプログラムのショートカットを作成します。
続けるには「次へ」をクリックしてください。違うフォルダーを選択するには「参照」をクリックしてください。
R
参照(R)
スタートメニューフォルダーを作成しない(D)
< 戻る(B)
次へ(N) >
キャンセル

○図1-11：

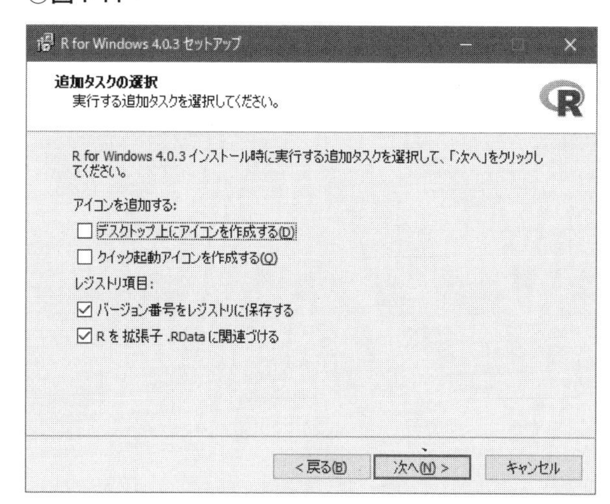
R for Windows 4.0.3 セットアップ
追加タスクの選択
実行する追加タスクを選択してください。
R for Windows 4.0.3 インストール時に実行する追加タスクを選択して、「次へ」をクリックしてください。
アイコンを追加する:
デスクトップ上にアイコンを作成する(D)
クイック起動アイコンを作成する(Q)
レジストリ項目:
バージョン番号をレジストリに保存する
R を 拡張子 .RData に関連づける
< 戻る(B)
次へ(N) >
キャンセル

○図1-12：

1-2 RStudioのセットアップ

続いて、R言語の統合開発環境であるRStudioをセットアップします。RStudioはRのセットアップが完了してからインストールしてください。

RStudioは公式サイトからインストールできます(**図1-13**)。

- RStudio公式サイト
  URL https://rstudio.com/

○図1-13：

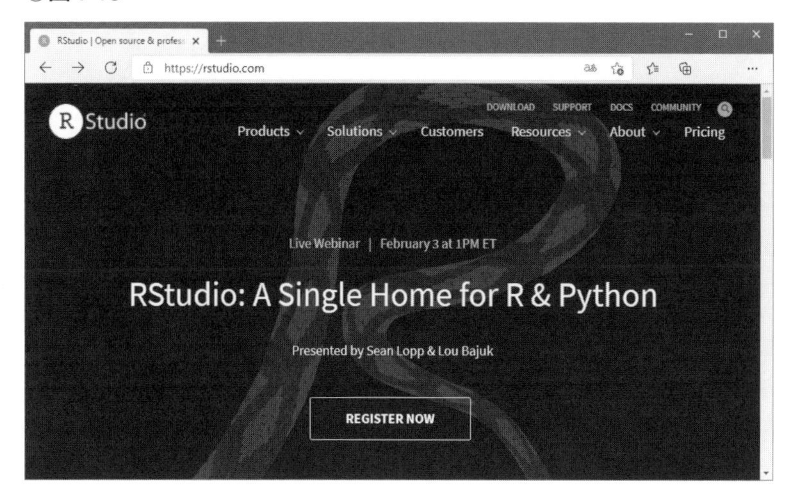

◆ダウンロード

図1-13の右上にある[DOWNLOAD]をクリックして**図1-14**に移動し、下方にスクロールして**図1-15**を表示します。

○図1-14：

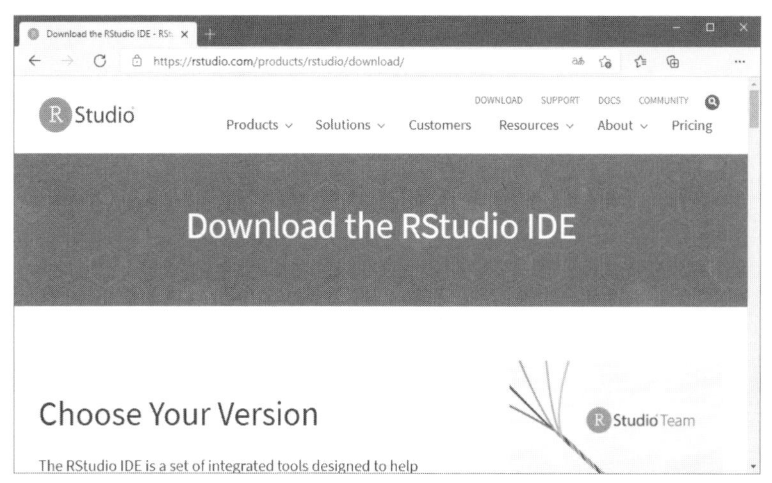

○図1-15：

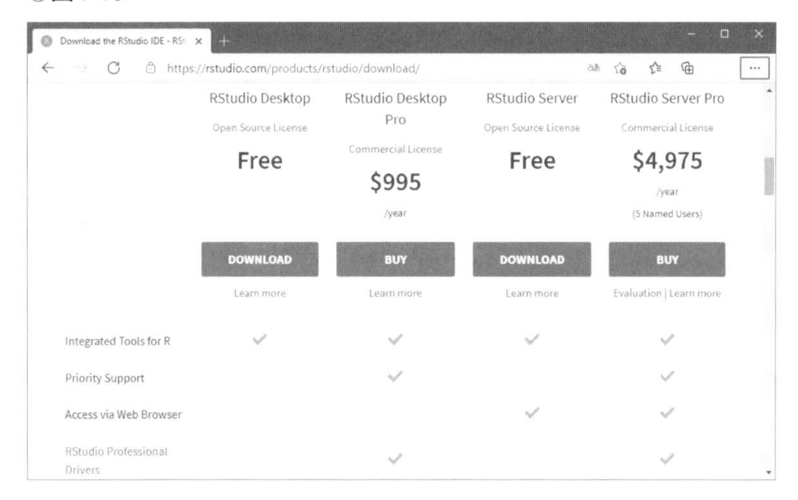

ここで「RStudio Desktop」の「Free」の「DOWNLOAD」をクリックすると**図1-16**が表示されるので、「DOWNLOAD RSTUDIO FOR WINDOWS」をクリックしてダウンロードしてください。

○図1-16：

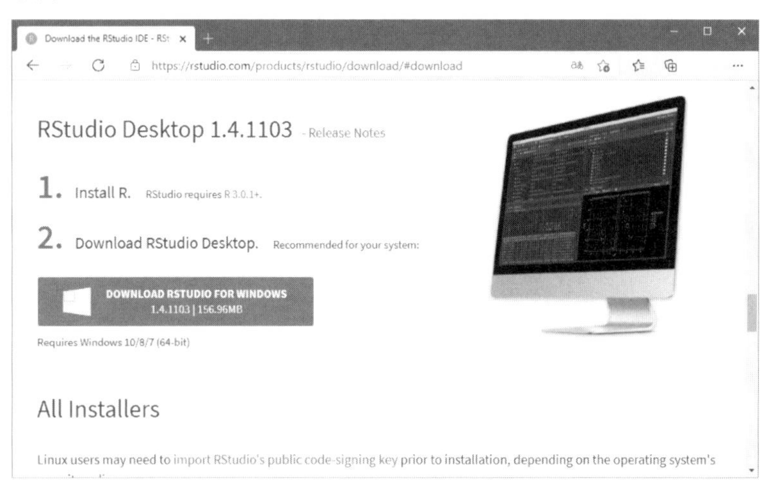

なお、Windows版以外は、**図1-16**を下にスクロールした「All Installers」からダウンロードできます(**図1-17**)。

◯図1-17：

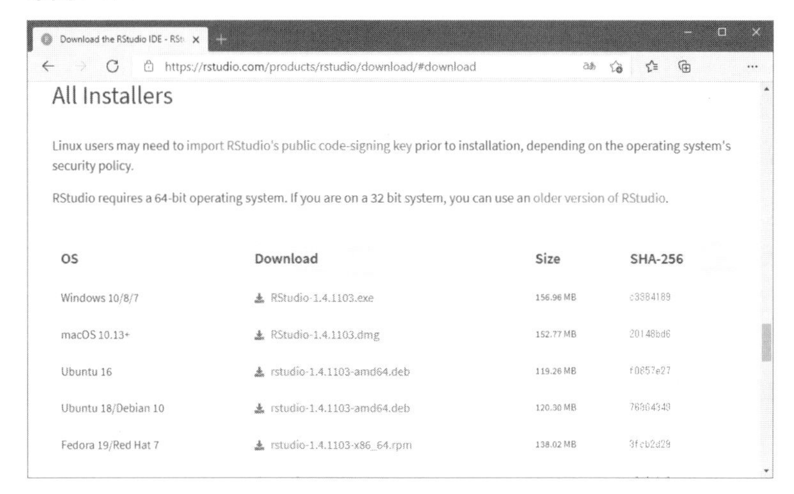

◆インストール

ダウンロードしたインストーラを起動するとインストールが始まります(**図1-18**)。

◯図1-18：

［次へ］で進むと「インストール先」の確認(**図1-19**)、「スタートメニューフォルダ」の確認(**図1-20**)が表示されるので、特に変更がなければ［次へ］で進めてください。

○**図1-19**：

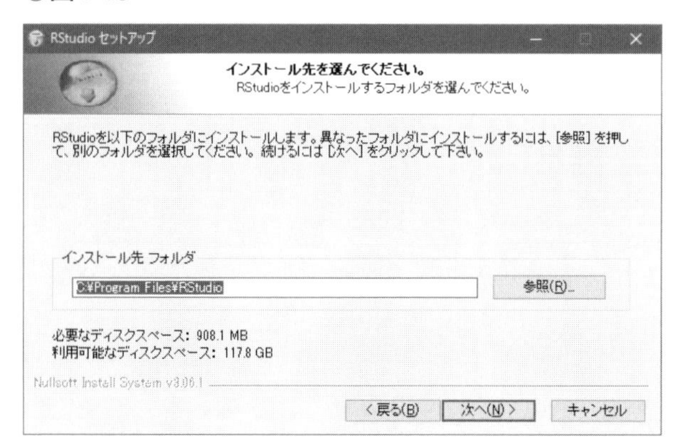

○**図1-20**：

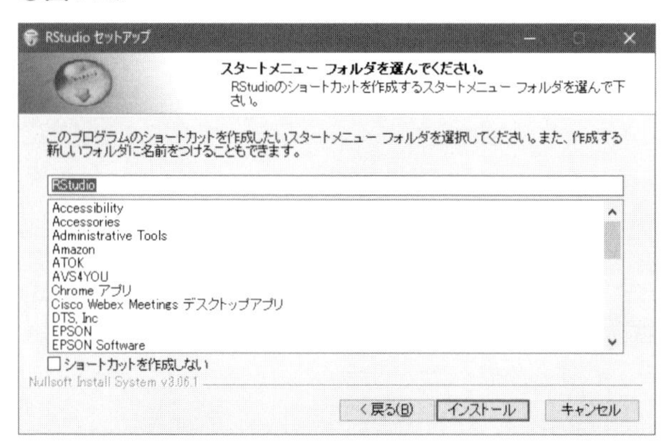

図1-21が表示されるとインストールは完了です。

○図1-21：

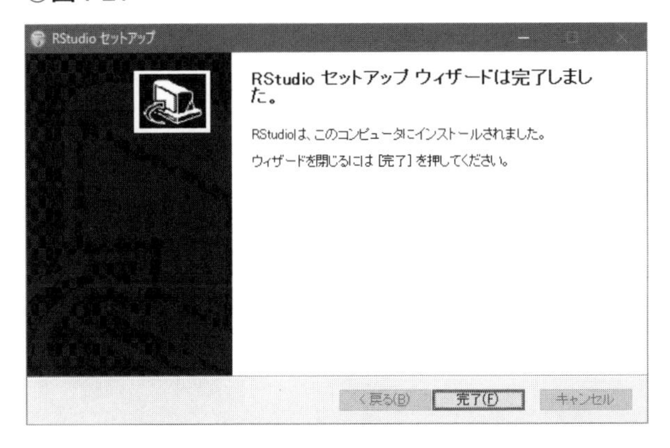

1-3　Rの動作確認

RとRStudioのセットアップが終わったところで、実際に動かしてみましょう。

RStudioを起動すると**図1-22**が表示されます。

○図1-22：

右上にある[Global Enviroment]は実行されたデータや行列、ベクトルが一時的に保存され、クリックするだけでデータの開示が可能です。右下の[Files]からPC上に保存されているファイルやrmdやRの拡張子を持つスクリプトファイルを直接開くことができます。

◆まずはHello World

メニューバーの[File]⇒[New File]⇒[R Markdown]で拡張子がrmdのファイルを作成します。初めて起動する場合は必要なパッケージをインストールするダイアログ(**図1-23**)が表示されるので[Yes]で進めます。パッケージのインストールが完了すると新規作成ダイアログ(**図1-24**)が表示されるので、そのまま[OK]してください。

○**図1-23**：

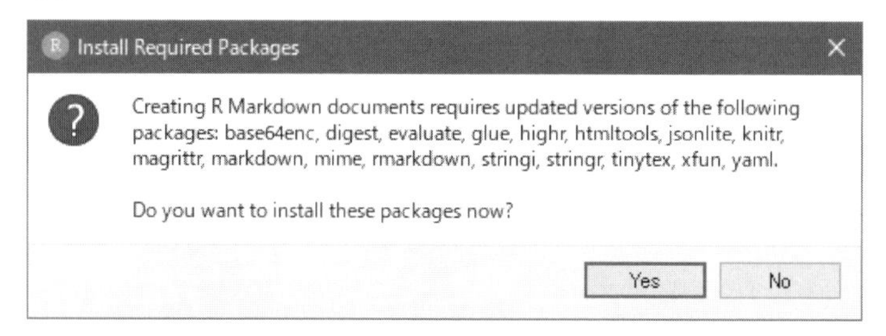

○**図1-24**：

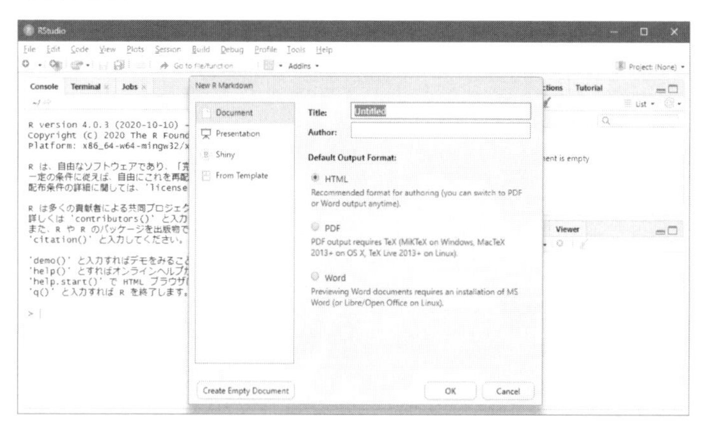

新規作成した直後は**図1-25**のように「Untitled1.rmd」というファイル名で表示されます。

○**図1-25**：

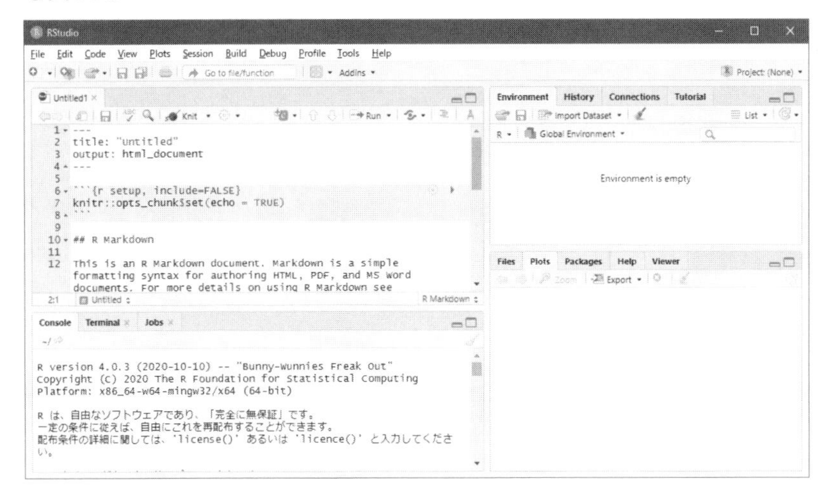

左上のソースコードを Ctrl + A で全選択し、 Delete で削除してから、次のように入力してください(**図1-26**)。

```
```{r}
print("hello world!")
```
```

○図1-26：

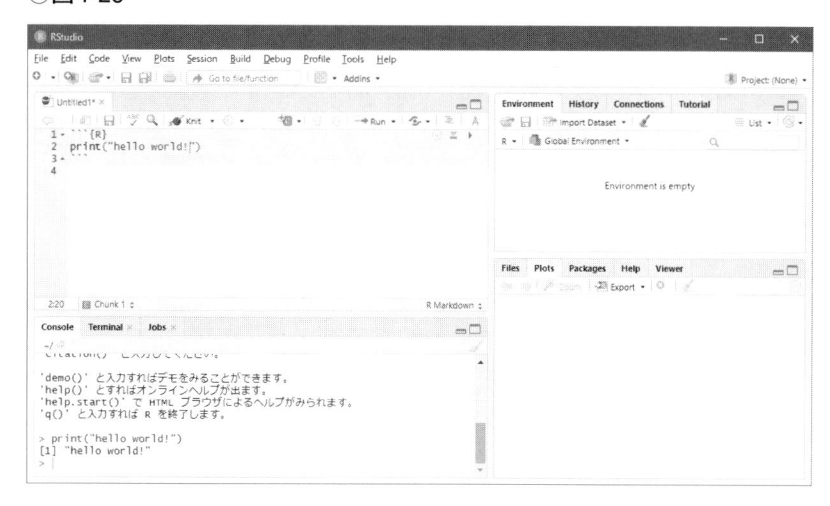

1行目(```{r})と3行目(```)はスクリプトの区切りを意味します。この部分を選択して上部の[Run]⇒[Run Current Chunk]（または Ctrl + Shift + Enter）をクリックすると実行できます（図1-27）。

○図1-27：

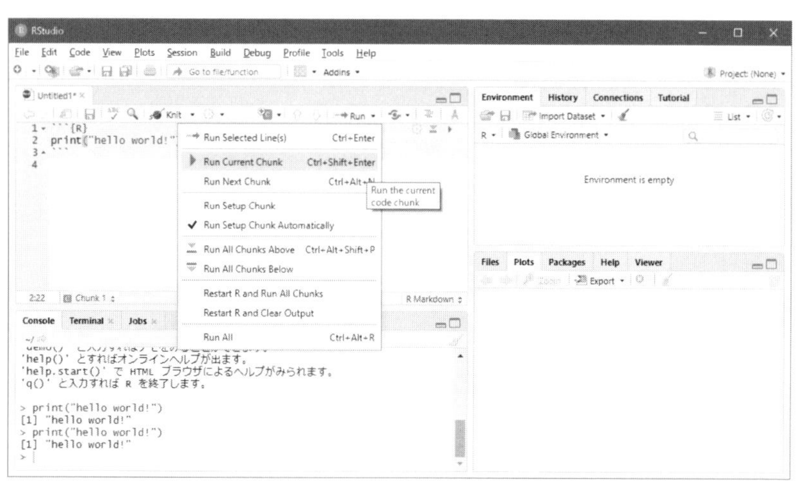

無事に「hello world!」と表示されたでしょうか(**図1-28**)。

○**図1-28**：

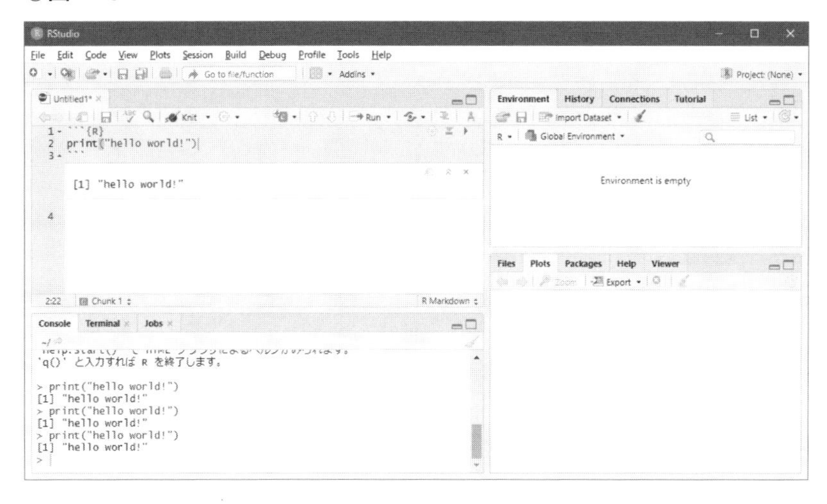

なお、[Run]⇒[Run Selected Line(s)](または**Ctrl**+**Enter**)をすれば選択した行のみ実行できます。

1-4　本書で使用するパッケージの追加

最後に本書で使用するパッケージ「dplyr」と「dummies」をインストールしてください。

Consoleからインストールする場合はConsoleに次のコマンド(「dplyr」はパッケージ名)を実行します(**図1-29**)。

```
install.packages("dplyr")
```

◯図1-29：

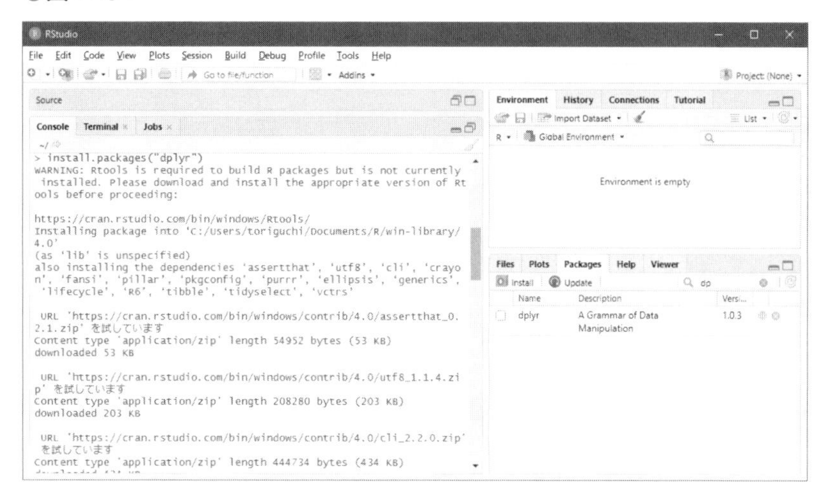

　または、右下の[Packages]⇒[Install]でダイヤログを表示してパッケージ名(「dummies」)を指定します(**図1-30**)。

◯図1-30：

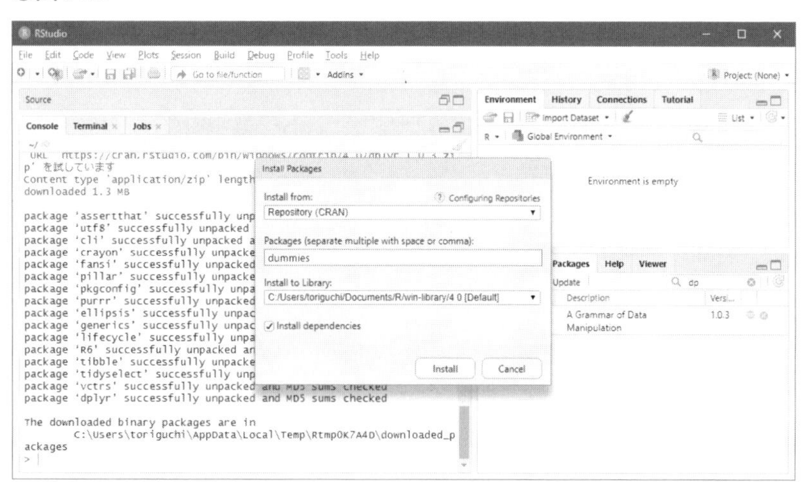

第2章

数値計算

数値計算とは、データや数値をコンピュータで扱ううえで必要になるもので、コンピュータ上では離散値での扱いで連続的な値の構成を考えなくてはいけません。本章では、そのためのデータの補間方法や演算方法（微分・積分）を説明します。

2-1　差分と差分商

差分商とは、データが離散的に与えられている状態における微分商の書き換えになります。微分商とはすなわち、$b = a + h$、$a > 0$、$0 < h < 1$としたうえでの差分商

$$\frac{f(b) - f(a)}{b - a} = \frac{f(a + h) - f(a)}{h}$$

を極限$h \to 0$とすることで微分商となります。

また、分母のhを除いた$f(a + h) - f(a)$を差分といい、この2つの対応と微分との性質について述べていきます。

◆差分商とは

各点x_0、x_1、x_2、x_3、…、x_nが昇順に任意の間隔をもって並んでいます。この各点に対応する関数fの値がf_0、f_1、f_2、f_3、…、f_nと与えられているとき、

$$f[x_0,x_1] \equiv \frac{f_1 - f_0}{x_1 - x_0}$$

を**1階の差分商**といいます。同じく2階の差分商は、新たにx_2を用いて次のように表せます。

$$f[x_0, x_1, x_2] = \left(\frac{f_2 - f_1}{x_2 - x_1} - \frac{f_1 - f_0}{x_1 - x_0}\right) * (\frac{1}{x_2 - x_0})$$

$$= \frac{f_0}{(x_0 - x_1)(x_0 - x_2)} + \frac{f_0}{(x_1 - x_0)(x_1 - x_2)} + \frac{f_0}{(x_2 - x_0)(x_2 - x_1)}$$

このような計算を繰り返し、一般的に表すと、次のようになります。

$$f[x_{0,} x_1, x_2, \dots, x_n] =$$

$$\frac{f_0}{(x_0 - x_1)(x_0 - x_2) \dots (x_0 - x_n)} + \frac{f_1}{(x_1 - x_0)(x_1 - x_2) \dots (x_1 - x_n)} + \cdots$$

$$+ \frac{f_n}{(x_n - x_0)(x_n - x_1) \dots (x_n - x_{n-1})}$$

これに関しては数学的帰納法で証明できます。簡明に書けば、

$$\alpha_i^n \equiv \frac{1}{(x_i - x_0)(x_i - x_1)\dots(x_i - x_{i-1})(x_i - x_{i+1})\dots(x_i - x_n)}$$

$$f[x_0,x_1,x_2,\dots,x_n] = \frac{f[x_0,x_1,x_2,\dots,x_{n+1}]-f[x_0,x_1,x_2,\dots,x_n])}{x_{n+1}-x_0}$$

を用いて、

$$\alpha_i^{n+1} = \frac{1}{(x_i - x_0)(x_i - x_1)\dots(x_i - x_{i-1})(x_i - x_{i+1})\dots(x_i - x_{n+1})}$$

となることを示せばよいです。これであらかたの証明は終わりになります。

◆差分とは

まず、次のように定義します。

- **前進差分**：$\Delta f(x) = f(x+h) - f(x)$
- **後退差分**：$\nabla f(x) = f(x) - f(x-h)$

本書では主に**前進差分**を使用します。

先ほど差分商でx_0、x_1、x_2、x_3、…、x_nの配列について説明しましたが、これら配列が等間隔(h)で並んでいる場合を考えると、**1階の差分商**は$x = x_0$、$x_1 = x + h$とおけば(hが十分小さいときに)、

$$f[x_0, x_1] = \frac{f_1 - f_0}{x_1 - x_0} = \frac{f(x+h) - f(x)}{x + h - x} = \frac{f(x+h) - f(x)}{h} \approx f'(x)$$

となり、近似的に1次微分を表します。

また、**2階の差分商**は$x_0 = x - h$、$x_1 = x$、$x_2 = x + h$とおけば(hが十分小さいときに)、

$$f[x_0, x_1, x_2] = \left(\frac{f_2 - f_1}{x_2 - x_1} - \frac{f_1 - f_0}{x_1 - x_0}\right)\left(\frac{1}{x_2 - x_0}\right)$$

$$= \frac{f(x+h) - 2f(x) + f(x-h)}{h^2} \approx f''(x)$$

となり、近似的に2次微分を表します。

一般に差分と差分商の関係は、

$$\Delta^r f_k = r!\,h^r f[x_k\,, \dots\,, x_{k-r}]$$

で表されます。また、差分商の式

$$f(x) = f(x_0) + (x - x_0)f[x_0,x]$$

$$f[x_0, x] = f[x_0, x_1] + (x - x_1)f[x_0, x_1, x_2]\cdots$$

$$f[x_0, x_1, x_2, \dots, x_{n+1}] - f[x_0, x_1, x_2, \dots, x_n] = f[x_0, x_1, x_2, \dots, x_n](x_{n+1} - x_0)$$

を上の式から逐次代入していくと、先ほどの差分と差分商の関係からニュートンの定差内挿公式が得られます。

$$f(x) = f(x_0) + (x - x_0)\frac{\Delta f_0}{h} + (x - x_0)(x - x_1)\frac{\Delta^2 f_0}{2!\,h^2} + \cdots$$

$$+(x - x_0) \dots (x - x_{n-1})\frac{\Delta^n f_0}{n!\,h^n} - E(x)$$

ここで、

$$E(x) = -(x - x_0) \dots (x - x_n)f[x_0, x_1, x_2, \dots, x_n, x]$$

とおきました。これら得られた知識をもとにRコードで確認していきます。

リスト2-1では$f(x) = e^x$について差分を計算しています。

○リスト2-1：list2-1.R

```
# 関数定義
f<-function(x){
  z=exp(x)
  return(z)
}

# 差分する終点座標を決定
f_points=0.4;start_points=0

# 分割の細かさを決める
sep_f=0.1

# 差分前の元データを作成
f_data=data.frame(x=seq(start_points,f_points,sep_f),f=0)
for(j in 1:nrow(f_data)){
  f_data$f[j]=f(f_data$x[j])

}
```

```
↘
# 差文商

# 元データより細かいメッシュを入れる
sep=0.01

# 結果の実際の値と予測値を入れる箱を作る
func_data=data.frame(x=seq(start_points,f_points,sep),f=0)

# 差文商の計算
difference=X=array(0,dim=c(nrow(f_data),nrow(f_data)))
difference[1,]=f_data$f;X[1,]=f_data$x

for(j in 1:(nrow(f_data)-1)){
  k=j+1
  vector=difference[j,]
  vector=vector[1:(length(vector)-(j-1))]
  zeros=rep(0,j)
  d_f=c()

  for(l in 1:(length(vector)-1)){
    d_f=c(d_f,(vector[l+1]-vector[l]))
  }

  d_f=c(d_f,zeros)
  difference[k,]=d_f
}
```

表2-1をもとにニュートンの定差内挿公式を計算してみます(**リスト2-2**)。実行結果は**図2-1**、**表2-2**となり、samples(もともとの関数値)とpredict(ニュートンの内挿公式の値)は完全に一致しました(ただし、誤差項$E(x)$は除きます)。

○**表2-1：差分(リスト2-1のdifference)**

x	0	0.1	0.2	0.3	0.4
f	1	1.105171	1.221403	1.349859	1.491825
1次差分	0.105171	0.116232	0.128456	0.141966	
2次差分	0.011061	0.012224	0.01351		
3次差分	0.001163	0.001286			
4次差分	0.000122				

○リスト2-2：list2-2.R

```
library(dplyr)

# 差分の結果を基に計算する

f0=difference[,1]
for(j in 1:nrow(func_data)){
  f_value=c();x=func_data$x[j]
  for(k in 1:(length(f0)-1)){
    f_value=c(f_value,prod(x-f_data$x[1:k])*f0[k+1]*(1/gamma(k+1))*(1/sep_f)^(k))
}
  f_value=sum(f_value,f0[1])
  func_data$f[j]=f_value
}

func_data=func_data %>% mutate(ff=0)
colnames(func_data)=c("x","predict","samples")
for(j in 1:nrow(func_data)){
  func_data$samples[j]=f(func_data$x[j])
}

# 図のプロット
plot(func_data$x,func_data$samples,col=2,type="o",ylim=c(min(func_
data$predict,func_data$samples),max(func_data$predict,func_data$samples)),main="re
d;samples , green;predict",xlab="x",ylab="value")

par(new=T)

plot(func_data$x,func_data$predict,col=3,type="o",ylim=c(min(func_
data$predict,func_data$samples),max(func_data$predict,func_data$samples)),main="re
d;samples , green;predict",xlab="x",ylab="value")
```

○図2-1：ニュートンの内挿公式をもとに各点の関数値を計算

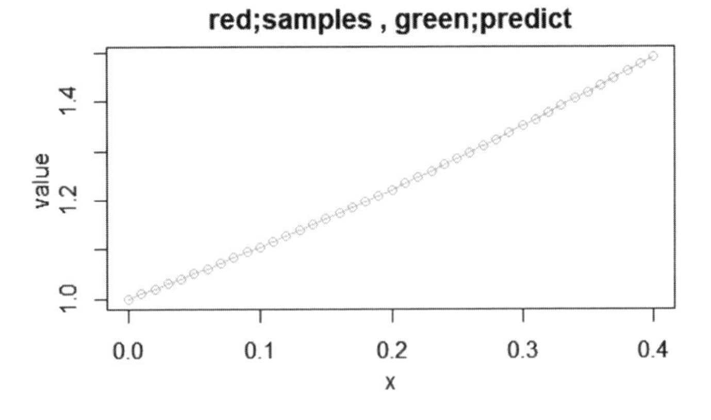

○表2-2：実際のデータ

	x	samples	predict
1	0	1	1
2	0.01	1.01005	1.01005
3	0.02	1.020201	1.020201
4	0.03	1.030454	1.030455
5	0.04	1.04081	1.040811
6	0.05	1.051271	1.051271
7	0.06	1.061836	1.061837
8	0.07	1.072508	1.072508
9	0.08	1.083287	1.083287
10	0.09	1.094174	1.094174
11	0.1	1.105171	1.105171
12	0.11	1.116278	1.116278
13	0.12	1.127497	1.127497
14	0.13	1.138829	1.138828
15	0.14	1.150274	1.150274
16	0.15	1.161834	1.161834
17	0.16	1.173511	1.173511
18	0.17	1.185305	1.185305
19	0.18	1.197217	1.197217
20	0.19	1.20925	1.20925
21	0.2	1.221403	1.221403
22	0.21	1.233678	1.233678
23	0.22	1.246077	1.246077
24	0.23	1.2586	1.2586
25	0.24	1.271249	1.271249
26	0.25	1.284025	1.284025
27	0.26	1.29693	1.29693
28	0.27	1.309964	1.309964
29	0.28	1.32313	1.32313
30	0.29	1.336427	1.336427
31	0.3	1.349859	1.349859
32	0.31	1.363425	1.363425
33	0.32	1.377128	1.377128

34	0.33	1.390968	1.390968
35	0.34	1.404948	1.404948
36	0.35	1.419068	1.419068
37	0.36	1.43333	1.433329
38	0.37	1.447735	1.447735
39	0.38	1.462285	1.462285
40	0.39	1.476981	1.476981
41	0.4	1.491825	1.491825

2-2　微分と偏微分

hが十分小さいとき、前節(差分と差分商)では次式

$$\frac{f(x+h)-f(x)}{h} \approx f'(x)$$

で関数$f(x)$の微分ができること、さらには、

$$\frac{f(x+h)-2f(x)+f(x-h)}{h^2} \approx f''(x)$$

で2次微分ができることを説明しました。

これらは、

$$f''(x) \approx \frac{f'(x+h)-f'(x)}{h}$$

$$= \left(\frac{1}{h}\right)\left(\frac{f(x+2h)-f(x+h)}{h} - \frac{f(x+h)-f(x)}{h}\right)$$

$$= \frac{f(x+2h)-2f(x+h)+f(x)}{h^2}$$

と計算を繰り返すことで高次微分の差分形式を計算することができます。また偏微分の場合も同様に、fを連続かつ2階偏微分可能な関数とするとき、

$$\frac{\partial f}{\partial x} = \frac{f(x+h,y)-f(x,y)}{h}$$

$$\frac{\partial^2 f}{\partial x^2} = \frac{f(x+2h,y)-2f(x+h,y)+f(x,y)}{h}$$

$$\frac{\partial f}{\partial y} = \frac{f(x,y+h) - f(x,y)}{h}$$

$$\frac{\partial^2 f}{\partial y^2} = \frac{f(x,y+2h) - 2f(x,y+h) + f(x,y)}{h}$$

$$\frac{\partial f}{\partial x \partial y} = \left(\frac{1}{h}\right)(\frac{f(x+h,y+h) - f(x+h,y)}{h} - \frac{f(x,y+h) - f(x,y)}{h})$$

$$= \frac{f(x+h,y+h) - f(x+h,y) - f(x,y+h) + f(x,y)}{h^2}$$

$$\frac{\partial f}{\partial y \partial x} = \left(\frac{1}{h}\right)(\frac{f(x+h,y+h) - f(x,y+h)}{h} - \frac{f(x+h,y) - f(x,y)}{h})$$

$$= \frac{f(x+h,y+h) - f(x,y+h) - f(x+h,y) + f(x,y)}{h^2}$$

となります。

実際にRのコードを交えて確認していきます。**リスト2-3**では、1変数関数としてはx^3をもとに$x = 1$、2変数関数としてはx^3y^3をもとに$x = 1$、$y = 1$での微分を計算しました。このようにして一変数および多変数関数の微分、偏微分は差分によって近似的に計算できます。

○リスト2-3：list2-3.R

```
# 1変数関数の微分
f<-function(x){
  return(x^3)
}

# 差分メッシュ
h=0.01

# x=1;xの1階微分を計算
(f(1+h)-f(1))/h

#x =1;xの2階微分を計算
(f(1+2*h)-2*f(1+h)+f(1))/(h^2)

# 2変数関数の微分
f=function(x,y){
  return((x^3)*(y^3))
}
```

```
↘
# x=1;y=1;
# xの1階微分を計算
(f(1+h,1)-f(1,1))/h

# xの2階微分を計算
(f(1+2*h,1)-2*f(1+h,1)+f(1,1))/(h^2)

# yの1階微分を計算
(f(1,1+h)-f(1,1))/h

# yの2階微分を計算
(f(1,1+2*h)-2*f(1,1+h)+f(1,1))/(h^2)

# x,yの順番に偏微分
(f(1+h,1+h)-f(1+h,1)-f(1,1+h)+f(1,1))/(h^2)

# y,xの順番に偏微分
(f(1+h,1+h)-f(1,1+h)-f(1+h,1)+f(1,1))/(h^2)

# xで2階微分
(f(1+2*h,1)-2*f(1+h,1)+f(1,1))/(h^2)

# yで2階微分
(f(1,1+2*h)-2*f(1,1+h)+f(1,1))/(h^2)
```

○出力結果（リスト2-3）

```
> #1変数関数の微分
> f=function(x){
+ return(x^3)
+ }
>
> #差分メッシュ
> h=0.01
>
> #x=1;xの1階微分を計算
> (f(1+h)-f(1))/h
[1] 3.0301
>
> #x=1;xの2階微分を計算
> (f(1+2*h)-2*f(1+h)+f(1))/(h^2)
[1] 6.06
>
> #2変数関数の微分
> f=function(x,y){
+ return((x^3)*(y^3))
+ }
>
> #x=1;y=1;
↘
```

```
↘
> #xの1階微分を計算
> (f(1+h,1)-f(1,1))/h
[1] 3.0301
>
> #xの2階微分を計算
> (f(1+2*h,1)-2*f(1+h,1)+f(1,1))/(h^2)
[1] 6.06
>
> #yの1階微分を計算
> (f(1,1+h)-f(1,1))/h
[1] 3.0301
>
> #yの2階微分を計算
> (f(1,1+2*h)-2*f(1,1+h)+f(1,1))/(h^2)
[1] 6.06
>
> #x,yの順番に偏微分
> (f(1+h,1+h)-f(1+h,1)-f(1,1+h)+f(1,1))/(h^2)
[1] 9.181506
>
> #y,xの順番に偏微分
> (f(1+h,1+h)-f(1,1+h)-f(1+h,1)+f(1,1))/(h^2)
[1] 9.181506
>
> #xで2階微分
> (f(1+2*h,1)-2*f(1+h,1)+f(1,1))/(h^2)
[1] 6.06
>
> #yで2階微分
> (f(1,1+2*h)-2*f(1,1+h)+f(1,1))/(h^2)
[1] 6.06
```

2-3　数値積分

ラグランジュの内挿公式により、データ間での値の補間ができるようになります。その補間値を用いて連続的に値を取得し、数値積分を行います。ただし、ラグランジュの内挿公式はデータ数の数だけ構成する式の多項式次数を大きくする性質があるので、実際には区分的に補間を行います。それをニュートン・コーツの積分公式といいます。

また、区分の仕方によって台形公式・シンプソンの第1公式となります。それらのことについて具体的に説明していきます。

◆ラグランジュの内挿公式

ラグランジュの内挿公式という、準備されたデータの座標をすべて満たす補間公式について説明します。

各点x_1、x_2、x_3、…、x_nが並んでいます。この各点に対応する関数fの値がf_1、f_2、f_3、…、f_nと与えられているとき、これらの点を補完するたかだかn-1次多項式は次のように一義的に与えられます。

$$L(x) = \sum_{i=1}^{n} \frac{p_i(x)}{p_i(x_i)} y_i$$

ただし、

$$p_i(x) = (x - x_1) \ldots (x - x_{i-1})(x - x_{i+1}) \ldots (x - x_n)$$

これを実際に計算して確かめます(リスト2-4)。

○リスト2-4：list2-4.R

```
# ラグランジュ内挿公式
# サンプルデータ
data(airmiles)
x=c(1937:1960);y=c(airmiles)
plot(airmiles,type="p")

# 多項式の次元を設定
dim=5

# 多項式の次元に必要なサンプルを抽出
Y=y[1:(dim+1)];X=x[1:(dim+1)]

# L(x)を計算する関数Lを決める
L<-function(s){
  L_f<-function(J){
    x_vec=X[-J];xj=X[J]
    return(prod((s-x_vec)/(xj-x_vec)))
  }
  vec=c()
  for(i in 1:length(X)){
    vec=c(vec,Y[i]*L_f(i))
  }
  return(sum(vec))
}
```

```
↘
# 決められた区間内でメッシュを入れる(補完の様子を知るため)
samples=seq(min(X),max(X),0.01)

# ラグランジュ補完関数による補完値(pre)
pre=c()
for(i in 1:length(samples)){
  pre=c(pre,L(samples[i]))
}

# 補完値のプロット
plot(samples,pre,xlab="x軸",ylab="補完値",main=paste0("ラグランジュの補完公式:
",(dim),"次多項式"))

pre_dat=data.frame(x=samples,lagrange=pre)
```

リスト2-4では、1〜5次多項式まで出力を表示します。使用したairmilesのデータはRに入っているサンプルデータです。これは「1937年から1960年の各年の、合州国の商用航空会社の課税利用者マイル数」のデータで**図2-2**のような構造を持っており、具体的なデータの値は**表2-3**です。

○図2-2：リスト2-4のデータプロット

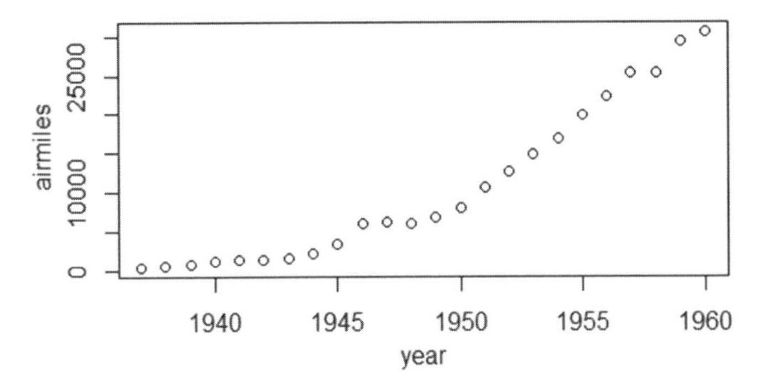

○表2-3：実際のデータ

year	airmiles
1937	412
1938	480
1939	683
1940	1052
1941	1385
1942	1418
1943	1634
1944	2178
1945	3362
1946	5948
1947	6109
1948	5981
1949	6753
1950	8003
1951	10566
1952	12528
1953	14760
1954	16769
1955	19819
1956	22362
1957	25340
1958	25343
1959	29269
1960	30514

図2-3～**図2-7**は1～5次多項式を表していて、次数が上がるにつれ、補完データ値の曲率が上がっていくのが確認できます。

○図2-3：ラグランジュの補完公式 (1次多項式)

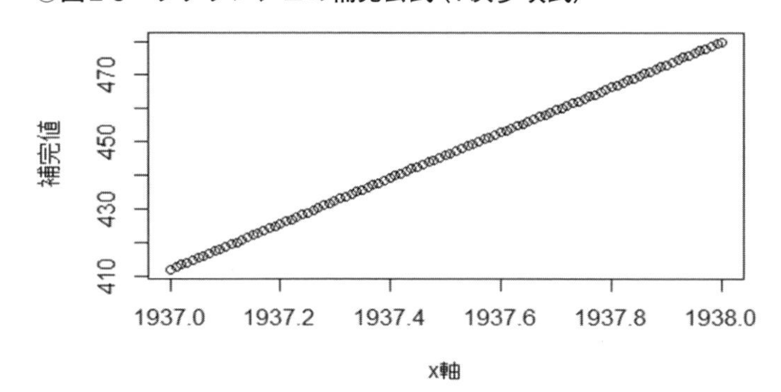

○図2-4：ラグランジュの補完公式 (2次多項式)

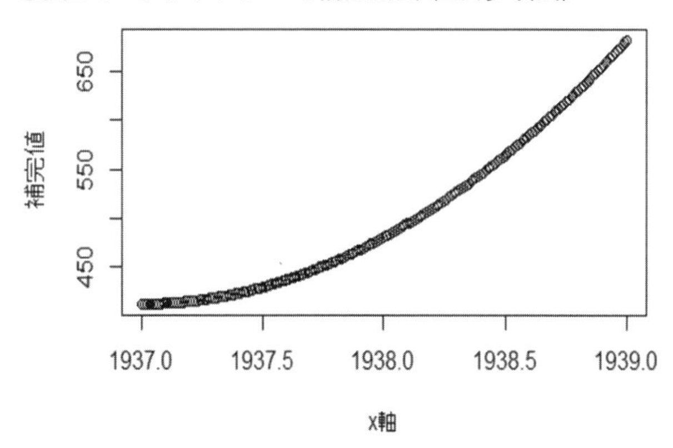

○図2-5：ラグランジュの補完公式 (3次多項式)

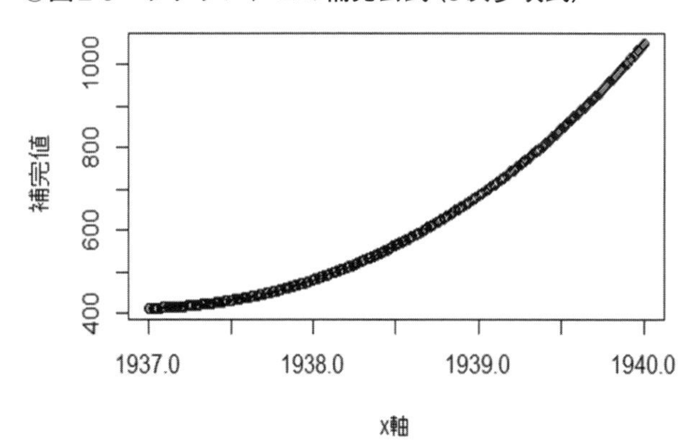

○図2-6：ラグランジュの補完公式（4次多項式）

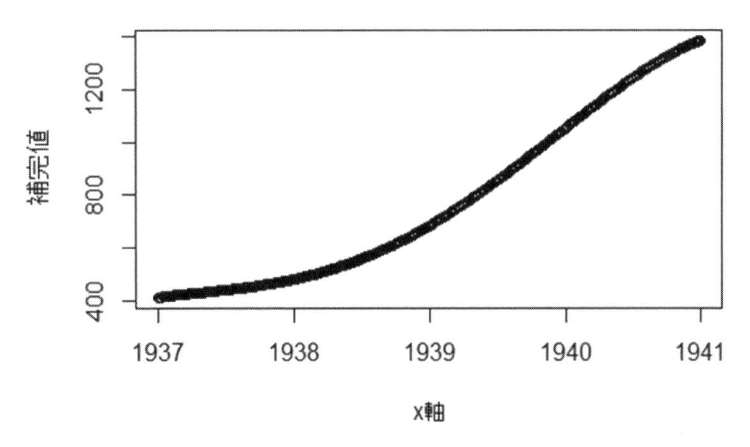

○図2-7：ラグランジュの補完公式（5次多項式）

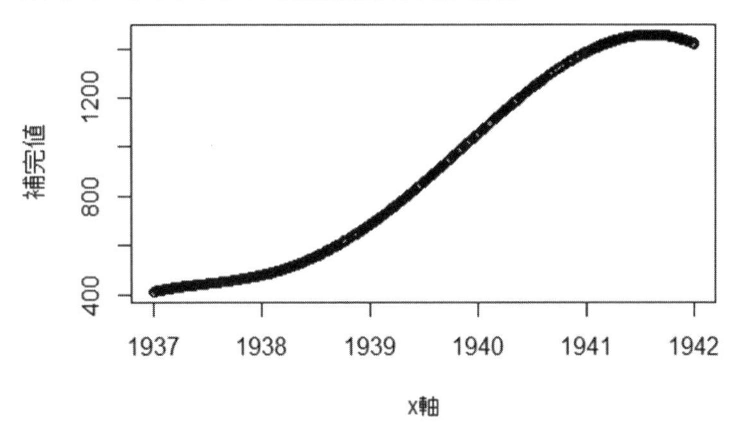

◆ ニュートン・コーツの積分公式

各点x_0、x_1、x_2、x_3、…、x_nが昇順に等区間hの間隔をもって並んでいます。この各点に対応する関数fの値がf_0、f_1、f_2、f_3、…、f_nと与えられているとき、

$$\int_a^b f(x)dx$$

の値を分点上の関数値の一次結合の形状で表すことを考えてみます。

ラグランジュの内挿公式により関数 $f(x)$ を近似します。

$$f(x)=\sum_{i=0}^{n}\frac{p_i(x)}{p_i(x_i)}f_i+(x-x_0)\ldots(x-x_n)f[x,x_0,x_1,x_2,\ldots,x_n]$$

ただし、

$$p_i(x)=(x-x_0)(x-x_1)\ldots(x-x_{i-1})(x-x_{i+1})\ldots(x-x_n)$$

これを積分すると、ニュートン・コーツの積分公式が得られます。

$$\int_a^b f(x)dx=\sum_{k=0}^{n}H_k(n)f_k$$

$$+\int_a^b(x-x_0)\ldots(x-x_n)f[x,x_0,x_1,x_2,\ldots,x_n]dx$$

$$H_i(n)=\int_a^b\frac{p_i(x)}{p_i(x_i)}dx$$

分点の区間 x_0, x_n の間からさらに p 区間はみ出した x_{-p}, x_{n+p} にわたる積分区間を考え、座標 x に対して新たに $x=x_0+hs$ なる新変数 s を考えます。これによって $H_k(n)$ は新たに、

$$H_k(n)=h\int_{-p}^{n+p}\frac{s(s-1)\ldots(s-k+1)(s-k-1)\ldots(s-n)}{k(k-1)\ldots(k-k+1)(k-k-1)\ldots(k-n)}ds$$

誤差項部分は、

$$R_n=h^{n+2}\int_{-p}^{n+p}s(s-1)\ldots(s-n)f[x,x_0,x_1,x_2,\ldots,x_n]ds$$

この誤差項部分に対してはnが偶数、奇数の場合に対して次のようになることが知られています。

- nが偶数の時：

$$R_n = \left(\frac{h^{n+3} f^{(n+2)}(\xi)}{(n+2)!}\right) \int_{-p}^{n+p} (s - \frac{n}{2}) s(s-1)\ldots(s-n) ds$$

- nが奇数の時：

$$R_n = \left(\frac{h^{n+2} f^{(n+1)}(\xi)}{(n+1)!}\right) \int_{-p}^{n+p} s(s-1)\ldots(s-n) ds$$

これらの公式から、$n = 1$の時を台形公式、$n = 2$の時をシンプソンの第一公式という。$p = 0$として計算すると、

- $n = 1$の場合：

$$\int_{x_0}^{x_1} f(x)dx = \frac{h}{2}(f_0 + f_1) - \frac{h^3}{12} f^{(2)}(\xi)$$

- $n = 2$の場合：

$$\int_{x_0}^{x_2} f(x)dx = \frac{h}{3}(f_0 + 4f_1 + f_2) - \frac{h^5}{90} f^{(4)}(\xi)$$

となります。これらはそれぞれ1区間、2区間単位での積分を表すものなので、ある指定された全区間に対する、区切られた各区間にこれら計算を行うことによって全区間での積分の値が計算できます。これを**重合公式**といいます。

これらの結果をもとに台形公式・シンプソンの第一公式から、実際の関数を用いて数値積分を行ってみます。それぞれの重合公式を式で示すと次のようになります。

- $n = 1$の場合：

$$\int_a^b f(x)dx = \frac{h}{2}(f_0 + 2f_1 + 2f_2 \ldots + f_N)$$

$$-\frac{h^3}{12}[f^{(2)}(\xi_1) + \ldots + f^{(2)}(\xi_N)]$$

- $n = 2$の場合：

$$\int_a^b f(x)dx = \frac{h}{3}(f_0 + 4f_1 + 4f_2 + \ldots + f_N)$$

$$-\frac{h^5}{90}[f^{(4)}(\xi_1) + f^{(4)}(\xi_2) + \ldots + f^{(4)}(\xi_N)]$$

リスト2-5とリスト2-6ではそれぞれ、次のようなことを説明しています。

- リスト2-5では補正項がない場合で台形公式を用いてe^xについて0〜0.4まで等間隔0.01で積分
- リスト2-6では補正項がない場合でシンプソンの第一公式を用いてe^xについて0〜0.4まで等間隔0.01で積分

○リスト2-5：list2-5.R

```
# 重合公式（1変数関数の積分：台形公式）

# 積分関数の定義
f<-function(x){
  z=exp(x)
  return(z)
}

# 1区間単位の大きさ
h=0.01

# 積分区間（終点）
end_point=0.4

# 積分区間（始点）
start_point=0
```

```
↘

# f0,f1,f2,...を作るデータフレーム
f_data=data.frame(x=seq(start_point,end_point,h),f=0)
for(j in 1:nrow(f_data)){
  f_data$f[j]=f(f_data$x[j])
}

# 重合公式の計算
integrated_f=c()
for(j in 1:nrow(f_data)){
  if(j==1|j==nrow(f_data)){
    integrated_f=c(integrated_f,f_data$f[j])
  }else{
    integrated_f=c(integrated_f,2*f_data$f[j])
  }
}

integrated_f=(h/2)*integrated_f

# 補正項がない場合の積分値
print(paste0("区間",start_point,"から",end_point,"までの積分値は",sum(integrated_
f)))

# Rのライブラリ使用
print(paste0("実際の値は",integrate(f,start_point,end_point)$value))
```

○出力結果（リスト2-5）

```
[1] "区間0から0.4までの積分値は0.491828796173586"
[1] "実際の値は0.49182469764127"
```

○リスト2-6：list2-6.R

```
# シンプソンの第1公式による積分値の計算（1変数関数の積分）

# 関数の定義
func<-function(x){
  y=exp(x)
  return(y)
}

# a：積分区間の始点、a+H：積分区間の終点、n：積分区間の分割数
a=0;H=0.4;n=100000

# 重合公式の計算
Y=(H/3)*(1/(n-1))*(func(a)+func(a+H));
for(j in 1:(n-2)){
                                                              ↘
```

```
  # 奇数番目は4、偶数番目は2になる係数
  coefficient=ifelse(j-floor(j/2)*2==0,4,2)
  Y=Y+((H*coefficient)/(3*(n-1)))*func(a+(j*H)/(n-1))
}

# simpson積分値
print(Y)

# ライブラリによる計算
integrate(func,a,a+H)
```

○出力結果（リスト2-6）

```
[1] 0.4918234
0.4918247 with absolute error < 5.5e-15
```

◆重積分

同様な考え方で2重積分の計算も可能です。2重積分の場合は次のようになります。

図2-8のようにメッシュを入れて1区間とし、台形公式・シンプソンの第一公式ともに計算を行っていきます。

○図2-8：

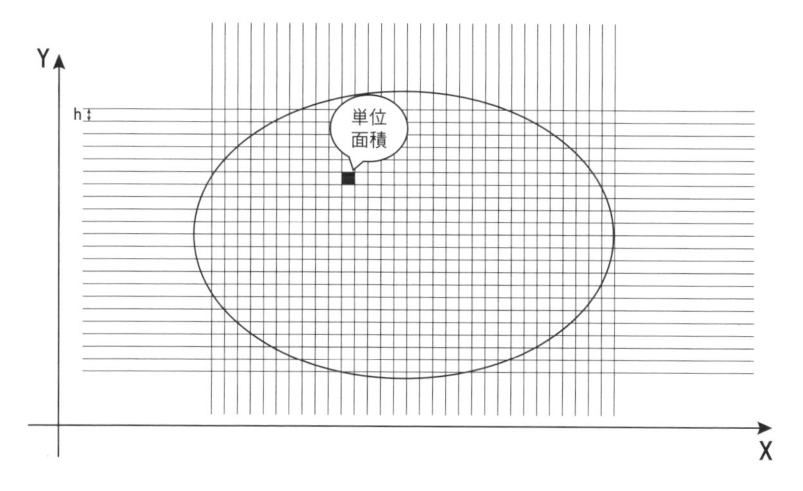

X軸上に昇順にx_0、x_1、x_2、x_3、…、x_nと等間隔k幅で並んでいて、Y軸上にy_0、y_1、y_2、y_3、…、y_mと等間隔h幅で同じく昇順に並んでいるとします。この単位面積の集まりで2重積分の値を求めます。境界に関してはX軸、Y軸の等間隔区間k、hを十分小さくすることで近似的に計算を行います。

いま1つの長方形領域に対して台形公式を用いると、

$$v_{11} = \int_{y_j}^{y_{j+1}} \int_{x_i}^{x_{i+1}} z(x,y)dxdy = \int_{y_j}^{y_{j+1}} \frac{k}{2}(z_{i+1}(y) + z_i(y))dy$$

$$= \frac{hk}{4}(z_{i+1,j+1} + z_{i+1,j} + z_{i,j+1} + z_{i,j})$$

これを$\frac{hk}{4}$を省略して**表2-4**のように書くようにします。

○**表2-4**：

$z_{i,j}$	$z_{i,j+1}$
$z_{i+1,j}$	$z_{i+1,j+1}$

この表記をもとに全積分区間について表記すると**表2-5**のようになります。

○**表2-5**：

$z_{1,1}$	$2z_{1,2}$	$2z_{1,3}$	…	…	…	$2z_{1,m-2}$	$2z_{1,m-1}$	$z_{1,m}$
$2z_{2,1}$	$4z_{2,2}$	$4z_{2,3}$	…	…	…	$4z_{2,m-2}$	$4z_{2,m-1}$	$2z_{2,m}$
$2z_{3,1}$	$4z_{3,2}$	$4z_{3,3}$	…	…	…	$4z_{3,m-2}$	$4z_{3,m-1}$	$2z_{3,m}$
…	…	…	…	…	…	…	…	…
…	…	…	…	…	…	…	…	…
$2z_{n-2,1}$	$4z_{n-2,2}$	$4z_{n-2,3}$	…	…	…	$4z_{n-2,m-2}$	$4z_{n-2,m-1}$	$2z_{n-2,m}$
$2z_{n-1,1}$	$4z_{n-1,2}$	$4z_{n-1,3}$	…	…	…	$4z_{n-1,m-2}$	$4z_{n-1,m-1}$	$2z_{n-1,m}$
$z_{n,1}$	$2z_{n,2}$	$2z_{n,3}$	…	…	…	$2z_{n,m-2}$	$2z_{n,m-1}$	$z_{n,m}$

また、シンプソンの公式の場合は、単位面積では次のようになります。

$$v_{11} = \int_{y_j}^{y_{j+1}} \int_{x_i}^{x_{i+1}} z(x,y)dxdy = \int_{y_j}^{y_{j+1}} \frac{k}{3}(z_{i+1}(y) + 4z_i(y) + z_{i-1}(y))dy$$

$$= \frac{hk}{9}((z_{i-1,j-1} + 4z_{i-1,j} + z_{i-1,j+1}) + 4(z_{i,j-1} + z_{i,j+1} + 4z_{i,j})$$

$$+(z_{i+1,j-1} + 4z_{i+1,j} + z_{i+1,j+1}))$$

表記は$\frac{hk}{9}$を除いて**表2-6**と、全面積では**表2-7**と表せます。

○**表2-6**：

$z_{i-1,j-1}$	$4z_{i-1,j}$	$z_{i-1,j+1}$
$4z_{i,j-1}$	$16z_{i,j}$	$4z_{i,j+1}$
$z_{i+1,j-1}$	$4z_{i+1,j}$	$z_{i+1,j+1}$

○**表2-7**：

$z_{1,1}$	$4z_{1,2}$	$2z_{1,3}$	$4z_{1,4}$	…	$4z_{1,m-3}$	$2z_{1,m-2}$	$4z_{1,m-1}$	$z_{1,m}$
$4z_{2,1}$	$16z_{2,2}$	$8z_{2,3}$	$16z_{2,4}$	…	$16z_{2,m-3}$	$8z_{2,m-2}$	$16z_{2,m-1}$	$4z_{2,m}$
$2z_{3,1}$	$8z_{3,2}$	$4z_{3,3}$	$8z_{3,4}$	…	$8z_{3,m-3}$	$4z_{3,m-2}$	$8z_{3,m-1}$	$2z_{3,m}$
$4z_{4,1}$	$16z_{4,2}$	$8z_{4,3}$	$16z_{4,4}$	…	$16z_{4,m-3}$	$8z_{4,m-2}$	$16z_{4,m-1}$	$4z_{4,m}$
…	…	…	…	…	…	…	…	…
…	…	…	…	…	…	…	…	…
$2z_{n-1,1}$	$8z_{n-1,2}$	$4z_{n-1,3}$	$8z_{n-1,4}$	…	$8z_{n-1,m-3}$	$4z_{n-1,m-2}$	$8z_{n-1,m-1}$	$2z_{n-1,m}$
$z_{n,1}$	$4z_{n,2}$	$2z_{n,3}$	$4z_{n,4}$	…	$4z_{n,m-3}$	$2z_{n,m-2}$	$4z_{n,m-1}$	$z_{n,m}$

これらをもとに実際に2変数関数に対するRのコードを紹介します。

◆台形公式を用いる場合

リスト2-7では補正項がない場合で、台形公式を用いて $x^2 + xy$ について$0 \leq x \leq 1$、かつ$1 \leq y \leq 2$の各区間においてそれぞれ等間隔h、k幅で2重積分を行います。

○リスト2-7：list2-7.R

```
# 多重積分
# 2重積分(台形公式)

# 積分区間：x軸
x1=0;x2=1

# 積分区間：y軸
y1=1;y2=2

# h、k幅
h=0.25;k=0.5

# 関数定義
f<-function(x,y){
  z=x^2+x*y
  return(z)
}

# Y軸
Y=seq(y1,y2,k)

# X軸
X=seq(x1,x2,h)

lattice1=array(4,dim=c(length(X),length(Y)))
lattice2=array(0,dim=c(length(X),length(Y)))
for(j in 1:length(X)){
  for(i in 1:length(Y)){
    lattice2[j,i]=f(X[j],Y[i])
  }
}

lattice1[,1]=2;lattice1[1,]=2;
lattice1[,ncol(lattice1)]=2;lattice1[nrow(lattice1),]=2
lattice1[1,1]=1;lattice1[nrow(lattice1),ncol(lattice1)]=1;
lattice1[1,ncol(lattice1)]=1;lattice1[nrow(lattice1),1]=1
print(paste0("重積分の値は",sum((1/4)*h*k*lattice1*lattice2)))
```

○出力結果(リスト2-7)

```
[1] "重積分の値は1.09375"
```

lattice1は各分点値の係数が入っています(**表2-8**)。lattice2は各分点値そのものが入っている行列になります(**表2-9**)。

○表2-8：

1	2	2	…	…	…	2	2	1
2	4	4	…	…	…	4	4	2
2	4	4	…	…	…	4	4	2
…	…	…	…	…	…	…	…	…
…	…	…	…	…	…	…	…	…
2	4	4	…	…	…	4	4	2
2	4	4	…	…	…	4	4	2
1	2	2	…	…	…	2	2	1

○表2-9：

$z_{1,1}$	$z_{1,2}$	$z_{1,3}$	…	…	…	$z_{1,m-2}$	$z_{1,m-1}$	$z_{1,m}$
$z_{2,1}$	$z_{2,2}$	$z_{2,3}$	…	…	…	$z_{2,m-2}$	$z_{2,m-1}$	$z_{2,m}$
$z_{3,1}$	$z_{3,2}$	$z_{3,3}$	…	…	…	$z_{3,m-2}$	$z_{3,m-1}$	$z_{3,m}$
…	…	…	…	…	…	…	…	…
…	…	…	…	…	…	…	…	…
$z_{n-2,1}$	$z_{n-2,2}$	$z_{n-2,3}$	…	…	…	$z_{n-2,m-2}$	$z_{n-2,m-1}$	$z_{n-2,m}$
$z_{n-1,1}$	$z_{n-1,2}$	$z_{n-1,3}$	…	…	…	$z_{n-1,m-2}$	$z_{n-1,m-1}$	$z_{n-1,m}$
$z_{n,1}$	$z_{n,2}$	$z_{n,3}$	…	…	…	$z_{n,m-2}$	$z_{n,m-1}$	$z_{n,m}$

◆シンプソン公式を用いる場合

リスト2-8では補正項がない場合で、シンプソン公式を用いて$\frac{1}{x+y}$について$0 \leq x \leq 1$、かつ$1 \leq y \leq 2$の各区間においてそれぞれ等間隔h、k幅で2重積分を行います。

○リスト2-8：list2-8.R

```
# 多重積分
# 2重積分（シンプソンの第一公式）

# 積分区間：x軸
x1=0;x2=1
```

```
↘
# 積分区間：y軸
y1=1;y2=2

# h,k幅の指定
h=0.01;k=0.01

# 関数定義
f=function(x,y){
  z<-1/(x+y)
  return(z)
}

# Y軸：k幅
Y=seq(y1,y2,k)

# X軸：h幅
X=seq(x1,x2,h)

lattice1=array(4,dim=c(length(X),length(Y)))
lattice2=array(0,dim=c(length(X),length(Y)))
coefficient1=c(1);coefficient2=c(4);coefficient3=c(2)
for(j in 2:(length(X)-1)){
  coefficient1=c(coefficient1,ifelse(j/2==floor(j/2),4,2))
  coefficient2=c(coefficient2,ifelse(j/2==floor(j/2),16,8))
  coefficient3=c(coefficient3,ifelse(j/2==floor(j/2),8,4))
}

# 1番最初の行の係数列
coefficient1=c(coefficient1,1);

# 偶数番目の行の係数列
coefficient2=c(coefficient2,4);

# 奇数番目の行の係数列
coefficient3=c(coefficient3,2);

lattice1=t(lattice1)
for(j in 1:nrow(lattice1)){
  if(j==1|j==nrow(lattice1)){
    lattice1[j,]=coefficient1
  }else{
    if(j/2==floor(j/2)){
      lattice1[j,]=coefficient2
    }else{
      lattice1[j,]=coefficient3
    }
  }
}

for(j in 1:length(X)){
  for(i in 1:length(Y)){
    lattice2[j,i]=f(X[j],Y[i])
  }
                                                                  ↘
```

```
↘
}

lattice1=t(lattice1)
print(paste0("重積分の値は",sum((1/9)*h*k*lattice1*lattice2)))
```

○出力結果（リスト2-8）

```
[1] "重積分の値は0.523248143939415"
```

lattice1は各分点値の係数が入っています（**表2-10**）。lattice2は各分点値そのものが入っている行列になります（**表2-11**）。

○表2-10：

1	4	2	4	…	4	2	4	1
4	16	8	16	…	16	8	16	4
2	8	4	8	…	8	4	8	2
4	16	8	16	…	16	8	16	4
…	…	…	…	…	…	…	…	…
…	…	…	…	…	…	…	…	…
2	8	4	8	…	8	4	8	2
1	4	2	4	…	4	2	4	1

○表2-11：

$z_{1,1}$	$z_{1,2}$	$z_{1,3}$	$z_{1,4}$	…	$z_{1,m-3}$	$z_{1,m-2}$	$z_{1,m-1}$	$z_{1,m}$
$z_{2,1}$	$z_{2,2}$	$z_{2,3}$	$z_{2,4}$	…	$z_{2,m-3}$	$z_{2,m-2}$	$z_{2,m-1}$	$z_{2,m}$
$z_{3,1}$	$z_{3,2}$	$z_{3,3}$	$z_{3,4}$	…	$z_{3,m-3}$	$z_{3,m-2}$	$z_{3,m-1}$	$z_{3,m}$
$z_{4,1}$	$z_{4,2}$	$z_{4,3}$	$z_{4,4}$	…	$z_{4,m-3}$	$z_{4,m-2}$	$z_{4,m-1}$	$z_{4,m}$
…	…	…	…	…	…	…	…	…
…	…	…	…	…	…	…	…	…
$z_{n-1,1}$	$z_{n-1,2}$	$z_{n-1,3}$	$z_{n-1,4}$	…	$z_{n-1,m-3}$	$z_{n-1,m-2}$	$z_{n-1,m-1}$	$z_{n-1,m}$
$z_{n,1}$	$z_{n,2}$	$z_{n,3}$	$z_{n,4}$	…	$z_{n,m-3}$	$z_{n,m-2}$	$z_{n,m-1}$	$z_{n,m}$

第3章

ニュートン法・反復法

ニュートン法（ニュートンラフソン法）は、ヤコビアンやヘッシアンといった行列の要素となる、関数の1次微分、2次微分および2次偏微分によって計算されます。この部分に関しては前章の数値微分による計算で可能ですし、また、ヤコビアンやヘッシアンといった行列・逆行列がうまく計算できない場合には、準ニュートン法による計算方法もあり、微分や偏微分を計算しなくともヤコビアンやヘッシアンの近似逆行列と近似行列が計算でき、パラメータ推定の簡易化が可能です。

3-1　ニュートン法(ニュートンラフソン法)

◆テイラー展開とニュートン法(ニュートンラフソン法)

関数fはn回微分可能、異なる2点a、bをとります。このとき、次の式を満たすcがaとbの間にあり、

$$f(b) = f(a) + f'(a)(b-a) + \frac{f^{(2)}(a)}{2!}(b-a)^2$$
$$+\ldots+\frac{f^{(n\ \ 1)}(a)}{(n-1)!}(b-a)^{n-1} + \frac{f^{(n)}(c)}{n!}(b-a)^n$$

と展開できます。この式から近似を用いて、

$$f(b) \approx f(a) + f'(a)(b-a)$$

とします。$b = x_{k+1}$、$a = x_k$ と置くと、

$$f(x_{k+1}) \approx f(x_k) + f'(x_k)(x_{k+1} - x_k)$$

となり、これを式変形すると、

$$x_{k+1} = x_k - \frac{f(x_k)}{f'(x_k)}$$

となります。この漸化式を繰り返し計算して$f(x) = 0$となるxを求める方法を**ニュートン法**といいます。このあたりの説明に関して、

平均値の定理：関数$f(x)$は閉区間[a,b]で連続かつ開区間(a,b)で微分可能、かつ、次式を満たすc(a<c<b)がある。

$$f'(c) = \frac{f(b) - f(a)}{b - a}$$

や縮小写像定理などによる説明もありますが、ここでは述べません。

リスト3-1は$f(x) = x^2 - 1$の解を求めるアルゴリズムです。反復計算により$f(x)$が0に近づいていく様子がわかります。最終的には$x = 1$に収束しています。

○リスト 3-1：list3-1.R

```
# ニュートン法

# 関数定義
f<-function(x){
  return(x^2-1)
}

# 初期値
X=9

# 反復計算回数
ite=10

# 学習率
eta=1

# 数値微分のための差分メッシュ
h=0.01

for(l in 1:ite){
  # 1次微分
  df=(f(X+h)-f(X))/h

  # 値の更新：X
  X=X-eta*f(X)/df

  print(f(X))
}
```

○出力結果（リスト 3-1）

```
f(X)の値：
[1] 19.77558
[1] 4.717289
[1] 0.9788363
[1] 0.1236569
[1] 0.003950733
[1] 2.346508e-05
[1] 1.168766e-07
[1] 5.814793e-10
[1] 2.892797e-12
[1] 1.421085e-14

 X
[1] 1
```

3-2　多変数ニュートン法

1変数ニュートン法(ニュートンラフソン法)の場合と同様に考えます。多変数の一般化も容易にイメージできるので、2変数で説明します。

◆2変数テイラー展開

$f(x,y)$はn回偏微分可能な関数、かつ、2点(a,b)、$(a+h,b+k)$に対し、次の式を満たす$0<\theta<1$が存在します($h>0,k>0$)。

$$f(a+h,b+k)=f(a,b)+df(a,b)+\frac{1}{2!}d^2f(a,b)+$$

$$\ldots+\frac{1}{(n-1)!}d^{n-1}f(a,b)+\frac{1}{n!}d^nf(a+\theta h,b+\theta k)$$

ただし、h, kはそれぞれx軸、y軸の微小変化分を表していて、近似的に

$$f(x+h,y+k)-f(x+h,y)\approx f_y(x+h,y)k\approx f_y(x,y)k$$

$$f(x+h,y)-f(x,y)\approx f_x(x,y)h$$ (f_x、f_yはそれぞれx、yの偏微分)

が成立するとき、

$$df(x,y)=f_x(x,y)h+f_y(x,y)k$$

と書き表せるものとします。

なお、高次の場合については次式が成立します。

$$d^lf(a,b)=(h\frac{\partial}{\partial x}+k\frac{\partial}{\partial y})^lf$$

テイラー展開の式から、同じく近似を用いて、

$$f(a+h,b+k)\approx f(a,b)+df(a,b)=f(a,b)+f_x(a,b)h+f_y(a,b)k$$

が成立するとします。

また、他方関数gに関しても、

$$g(a+h,b+k)\approx g(a,b)+dg(a,b)=g(a,b)+g_x(a,b)h+g_y(a,b)k$$

となるとき、

$$\varDelta f = f(a+h,b+k) - f(a,b)$$
$$\varDelta g = g(a+h,b+k) - g(a,b)$$

と新たな記号を使って表すと、次のように書くことができます。

$$\varDelta f = f_x(a,b)h + f_y(a,b)k$$
$$\varDelta g = g_x(a,b)h + g_y(a,b)k$$

これを行列、ベクトル表示に変換すると、

$$\begin{pmatrix}\Delta f\\ \Delta g\end{pmatrix} = \begin{pmatrix}f_x & f_y\\ g_x & g_y\end{pmatrix}\begin{pmatrix}h\\ k\end{pmatrix}$$

となります。$h = x^{l+1} - x^l$、$k = y^{l+1} - y^l$、$\Delta f = 0 - f(x^l, y^l)$、$\Delta g = 0 - g(x^l, y^l)$ とおき、かつ、

$$H = \begin{pmatrix}f_x & f_y\\ g_x & g_y\end{pmatrix}$$ （ヤコビアン）

とすれば、式変形により次の式が得られます。

$$\begin{pmatrix}x^{l+1}\\ y^{l+1}\end{pmatrix} = \begin{pmatrix}x^l\\ y^l\end{pmatrix} - H^{-1}\begin{pmatrix}f(x^l, y^l)\\ g(x^l, y^l)\end{pmatrix}$$

この式をもとに繰り返し計算すれば、関数$f(x,y) = 0$、$g(x,y) = 0$となる解x, yを計算することができます。これがもっと複数の場合にも

$$\begin{pmatrix}x^{l+1}\\ y^{l+1}\\ \dots\\ z^{l+1}\end{pmatrix} = \begin{pmatrix}x^l\\ y^l\\ \dots\\ z^l\end{pmatrix} - H^{-1}\begin{pmatrix}f(x^l, y^l, \dots, z^l)\\ g(x^l, y^l, \dots, z^l)\\ \dots\\ h(x^l, y^l, \dots, z^l)\end{pmatrix}$$

となるだけです。行列Hについては、次のようになります。

$$H = \begin{pmatrix}f_x & \cdots & f_z\\ \vdots & \ddots & \vdots\\ h_x & \cdots & h_z\end{pmatrix}$$ （ヤコビアン行列の一般型）

リスト3-2は$f(x,y) = \frac{x^2}{16} + \frac{y^2}{9} - 1$、$g(x,y) = x^2 - y$の解（$x, y$）を求めるアルゴリズムになります。

○リスト 3-2：list3-2.R

```
# 2dim-newton method

# 関数定義f
f<-function(z){
  return(z[1]^2/16+z[2]^2/9-1)
}

# 関数定義g
g=function(z){
  return(z[1]^2-z[2])
}

# 初期値
A=t(t(rep(9,2)))

# 反復回数
times=10

# 差分メッシュ
h=0.01

for(j in 1:times){
  df=c();dg=c()
  for(l in 1:length(A)){
    vec=A;vec[l]=vec[l]+h
    df=c(df,(f(vec)-f(A))/h)
    dg=c(dg,(g(vec)-g(A))/h)
  }

  # 1次勾配で作成した行列
  H=t(matrix(c(df,dg),ncol=2,nrow=2))

  # 更新
  A=A-solve(H)%*%c(f(A),g(A))
  print(A)
}
```

○出力結果（リスト 3-2）

```
反復計算の結果：
[,1]
[1,] 4.771833
[2,] 4.850720

         [,1]
[1,] 2.720322
[2,] 3.170935
```

```
↘
        [,1]
[1,] 1.869095
[2,] 2.760416

        [,1]
[1,] 1.665949
[2,] 2.732085

        [,1]
[1,] 1.652938
[2,] 2.731905
        [,1]
[1,] 1.652848
[2,] 2.731905

        [,1]
[1,] 1.652847
[2,] 2.731905

        [,1]
[1,] 1.652847
[2,] 2.731905

求まった解(上からx, y):
> A
        [,1]
[1,] 1.652847
[2,] 2.731905
```

リスト3-3は$e(x,y) = x + y - z$、$f(x,y) = \frac{x^2}{16} + \frac{y^2}{9} - 1$、$g(x,y) = x^2 - y$の解$(x, y, z)$を求めるアルゴリズムになります。

○リスト3-3：list3-3.R

```
# 3dim-newton raphson

# 関数定義e
e<-function(z){
  return(z[1]+z[2]-z[3])
}

# 関数定義f
f<-function(z){
  return(z[1]^2/16+z[2]^2/9-1)
}
                                                    ↘
```

```
↘
# 関数定義g
g<-function(z){
  return(z[1]^2-z[2])
}

# 初期値
A=t(t(rep(9,3)))

# 反復回数
times=10

# 差分メッシュ
h=0.01

for(j in 1:times){
  df=c();dg=c();de=c()
  for(l in 1:length(A)){
    vec=A;vec[l]=vec[l]+h
    df=c(df,(f(vec)-f(A))/h)
    dg=c(dg,(g(vec)-g(A))/h)
    de=c(de,(e(vec)-e(A))/h)
  }

  # 1次勾配で作成した行列
  H=t(matrix(c(df,dg,de),ncol=length(A),nrow=length(A)))

  # 更新
  A=A-solve(H)%*%c(f(A),g(A),e(A))
  print(A)
}
```

○出力結果（リスト3-3）

```
反復計算の結果：
[,1]
[1,] 4.771833
[2,] 4.850720
[3,] 9.622554

         [,1]
[1,] 2.720322
[2,] 3.170935
[3,] 5.891256

         [,1]
[1,] 1.869095
[2,] 2.760416
[3,] 4.629511

         [,1]
                                                    ↘
```

```
↘
[1,] 1.665949
[2,] 2.732085
[3,] 4.398034

         [,1]
[1,] 1.652938
[2,] 2.731905
[3,] 4.384843

         [,1]
[1,] 1.652848
[2,] 2.731905
[3,] 4.384752

         [,1]
[1,] 1.652847
[2,] 2.731905
[3,] 4.384752

         [,1]
[1,] 1.652847
[2,] 2.731905
[3,] 4.384752

求まった解(上からx, y, z):

> A
         [,1]
[1,] 1.652847
[2,] 2.731905
[3,] 4.384752
```

◆使用事例

使用事例として、例えば対数尤度関数を最適化するパラメータを計算する際に使用できます。この場合は対数尤度の各パラメータを偏微分したいくつかの式、すなわち最尤方程式を解くことで可能です。

例えば2次元ニュートン法で正規分布

$$\frac{1}{\sqrt{2\pi\sigma^2}}e^{-\frac{(x-\mu)^2}{2\sigma^2}}$$

のパラメータμとσ^2を推定できます。具体的に、データがx_0、x_1、x_2、x_3、…、x_nとある場合には、正規分布の対数尤度は、

$$l(\mu,\sigma^2) = -\frac{n}{2}\log(2\pi\sigma^2) - \frac{1}{2\sigma^2}\sum_i(x_i-\mu)^2$$

となるので、したがって、

$$\frac{\partial l(\mu,\sigma^2)}{\partial \mu}=\frac{1}{\sigma^2}\sum_i (x_i-\mu)=0$$

$$\frac{\partial l(\mu,\sigma^2)}{\partial \sigma^2}=-\frac{n}{2\sigma^2}+\frac{1}{2\sigma^4}\sum_i (x_i-\mu)^2=0$$

がパラメータの最尤推定量となる条件になります。これに対し、

$$f(\mu,\sigma^2)=\sum_i x_i-n\mu=0$$

$$g(\mu,\sigma^2)=\sum_i (x_i-\mu)^2-n\sigma^2=0$$

となるようなパラメータを実際にRのコードで計算してみます（**リスト3-4**）。ちなみに最尤推定量は$\hat{\mu}=\frac{1}{n}\sum_i x_i$、$\widehat{\sigma^2}=\frac{1}{n}\sum_i (x_i-\hat{\mu})^2$となります。

○リスト3-4：list3-4.R

```
# 2dim-newton method

# データxが標準正規分布に従う場合のパラメータを計算
x=rnorm(100)

# 関数定義f：f(μ,σ^2)
f<-function(z){
  return(sum(x)-length(x)*z[1])
}

# 関数定義g：g(μ σ^2)
g<-function(z){
  return(sum((x-z[1])^2)-length(x)*z[2])
}

# 初期値：μ = 1.5、σ^2 = 1.5
A=t(t(rep(1.5,2)))

# 反復回数
times=5000

# 差分メッシュ
h=0.01

# 学習率
eta=0.001
                                                        ↘
```

```
↘
for(j in 1:times){
  df=c();dg=c()
  for(l in 1:length(A)){
    vec=A;vec[l]=vec[l]+h
    df=c(df,(f(vec)-f(A))/h)
    dg=c(dg,(g(vec)-g(A))/h)
  }

  # 1次勾配で作成した行列
  H=t(matrix(c(df,dg),ncol=2,nrow=2))

  # 更新
  A=A-eta*solve(H)%*%c(f(A),g(A))
  print(A)
}
```

○出力結果（リスト3-4：5000回程度）

```
4998、4999、5000回目に計算されたパラメータμ、σ²

            [,1]
[1,] -0.07602259
[2,]  1.15022313
            [,1]
[1,] -0.07603327
[2,]  1.15023805
            [,1]
[1,] -0.07604395
[2,]  1.15025295

実際の最尤推定量の値
> mean(x)：μ
[1] -0.08670839
> var(x)：σ²
[1] 1.177133
```

○出力結果（リスト3-4：10000回程度）

```
10000回目に計算されたパラメータ μ、σ²

            [,1]
[1,] 0.08572296
[2,] 0.87877646

実際の最尤推定量の値：
> mean(x)：μ
↘
```

```
↘
[1] 0.08565907

> var(x) : σ²
[1] 0.8877225
>
```

反復計算回数が5000回程度だと精度に難ありですが、10000回行うと、かなり近い値になっていることがわかります。ただ実際によく見られるニュートン法は、例えば2変数の場合、テイラー展開を近似的に

$$f(a+h,b+k) \approx f(a,b) + df(a,b) + \frac{1}{2!}d^2 f(a,b)$$

と表し、この展開の全微分と関数fの最小点をもって次の反復公式

$$\begin{pmatrix} x^{l+1} \\ y^{l+1} \end{pmatrix} = \begin{pmatrix} x^{l} \\ y^{l} \end{pmatrix} - H^{-1}\begin{pmatrix} f_x(x^l, y^l) \\ f_y(x^l, y^l) \end{pmatrix}$$

$$H = \begin{pmatrix} f_{xx} & f_{xy} \\ f_{yx} & f_{yy} \end{pmatrix}$$

で逐次的に計算します。

ただ、実際には2次偏微分を計算することは、式の計算がうまくいく場合はよいですが、パラメータが多い場合は面倒なことが多く、差分を用いて近似的に数値微分を計算してもこの行列Hの計算がうまくいかないときがあります。

よく知られているロジスティック回帰等などはよいですが、そういう場合には、自身は準ニュートン法を使うことをお勧めします。これは関数値のみで近似的に行列Hが計算できる方法です。ただし、この場合の更新式は

$$\begin{pmatrix} x^{l+1} \\ y^{l+1} \\ \dots \\ z^{l+1} \end{pmatrix} = \begin{pmatrix} x^{l} \\ y^{l} \\ \dots \\ z^{l} \end{pmatrix} - H^{-1}\begin{pmatrix} f(x^l, y^l, \dots, z^l) \\ g(x^l, y^l, \dots, z^l) \\ \dots \\ h(x^l, y^l, \dots, z^l) \end{pmatrix}$$

となります。また、これらは近似的にヤコビアンやヘッシアンの近似行列もしくは近似逆行列を求める方法になります。

3-3　準ニュートン法

ここでは準ニュートン法について述べます。ヘッシアンおよびヤコビアンを計算する手間を省くための手法について説明していきます。反復方法ですが、以下のどの方法においても

$$\begin{pmatrix} x^{l+1} \\ y^{l+1} \\ \cdots \\ z^{l+1} \end{pmatrix} = \begin{pmatrix} x^{l} \\ y^{l} \\ \cdots \\ z^{l} \end{pmatrix} - H^{-1} \begin{pmatrix} f(x^l, y^l, \ldots, z^l) \\ g(x^l, y^l, \ldots, z^l) \\ \cdots \\ h(x^l, y^l, \ldots, z^l) \end{pmatrix}$$

の式に従ってパラメータが更新されます。

ここでHは近似的に求められるヤコビアンおよびヘッシアンになります。Broyden Quasi-Newton Algorithmでは近似的にH^{-1}(ヤコビアンの逆行列の近似行列)を、Pre-Broyden Algorithmでは近似的にH(ヤコビアンの近似行列)を、fiacco, mccormick(1968)、sargent(1969)、murtaghでは近似的にH^{-1}(ヘッシアンの逆行列の近似行列)を計算し、パラメータを更新します。

◆ Broyden Quasi-Newton Algorithm (ヤコビアンの逆行列の近似行列Hを計算)

$$H_{k+1} = H_k + \left(\frac{s_k - H_k y_k}{s_k' H_k y_k} \right) s_k' H_k$$

ただし、$'$ は転置を表します。また、x^kはk回目の更新された座標点の縦ベクトルで、

$$s_k = X_{k+1} - X_k、\ y_k = F(X_{k+1}) - F(X_k)$$

かつ、

$$F(X) = \begin{pmatrix} f(x, y, \ldots, z) \\ g(x, y, \ldots, z) \\ \cdots \\ h(x, y, \ldots, z) \end{pmatrix}、\ X = (x, y, \ldots, z)$$

です。**リスト3-5**はRでのコード例です。

○リスト3-5：list3-5.R

```
# Broyden Quasi-Newton Algorithm

# 関数定義
f<-function(x){
  f1=x[1]^2+x[2]^2-1
  f2=x[1]^2-x[2]^2+0.5
  return(c(f1,f2))
}

# 初期値(1,1)
X=rep(1,2)

# 反復計算回数
ite=100

# ヤコビアンの初期値
H=diag(f(X))

for(l in 1:ite){
  # 計算打ち止め条件：すべての非線形関数の絶対値の和が10^(-9)以下になったら計算終了
  if(sum(abs(f(X)))>10^(-9)){
    # 以前の座標点を保存
    X_pre=X

    # 座標点を更新
    X=X-H%*%f(X)

    # 以前の座標点と更新された座標点の差のベクトル(s)
    s=X-X_pre

    # 以前の座標点と更新された座標点の関数値の差のベクトル(y)
    y=f(X)-f(X_pre)

    # ヤコビアンの近似行列を更新する
    H=H+((s-H%*%y)/as.numeric(t(s)%*%H%*%y))%*%t(s)%*%H

    print((f(X)))
  }
}
```

○出力結果(リスト3-5)

```
反復計算による各代数方程式の値
[1] -0.4375          -0.0625
[1] -0.3089411796    -0.0009731805
[1] 0.6777762        1.0471558
[1] -0.3458351       0.4353402
[1] -0.3600643       0.9960908
[1]  0.451872        -0.579537
[1] -0.1966107       0.2296014
```

```
↘
[1] -0.03431870       0.02485984
[1]  0.001746986      -0.009116931
[1] -0.0005495012     -0.0028036592
[1] -0.0001069064     -0.0006845288
[1] 3.130376e-06      1.460822e-05
[1] 5.029219e-08      3.228449e-07
[1] -1.245453e-09     -7.482296e-09
[1] -5.091039e-12     -3.053735e-11  -----------計算終了

計算後の座標点
> X
              [,1]
[1,] 0.5000000
[2,] 0.8660254
```

◆Pre-Broyden Algorithm（ヤコビアンの近似行列Bを計算）

$$B_{k+1} = B_k + \left(\frac{y_k - B_k s_k}{s_k^T s_k}\right) s_k^T$$

s_kやy_kの式は前項(Broyden Quasi-Newton Algorithm)のものと同じです。

○リスト3-6：list3-6.R

```
# pre-Broyden Algorithm

# 関数定義
f<-function(x){
  f1=x[1]^2+x[2]^2-1
  f2=x[1]^2-x[2]^2+0.5
  return(c(f1,f2))
}

# 初期値
X=c(1,2)

# 差分メッシュ
h=0.01

# ヤコビアンの近似行列の初期値
B=diag((f(X+h)-f(X))/h)
                                                          ↘
```

```
↘
# 反復計算回数
ite=100

for(l in 1:ite){
  # 計算打ち止め条件：すべての非線形関数の絶対値の和が10^(-9)以下になったら計算終了
  if(sum(abs(f(X)))>10^(-9)){
    # 以前の座標点を保存
    X_pre=X

    # 座標点を更新
    X=X-solve(B)%*%f(X)

    # 以前の座標点と更新された座標点の差のベクトル(s)
    s=X-X_pre

    # 以前の座標点と更新された座標点の関数値の差のベクトル(y)
    y=f(X)-f(X_pre)

    # ヤコビアンの近似行列を更新する
    B=B+((y-B%*%s)/as.numeric(t(s)%*%s))%*%t(s)

    print(f(X))
  }
}
```

○出力結果（リスト3-6）

```
代数方程式の値
[1] -1.696933e-03  8.765793e-05
[1]  2.048651e-03 -5.915309e-05
[1]  2.687486e-05 -1.385280e-06
[1] -8.064907e-07  3.464034e-08
[1] -8.820964e-09  2.789278e-10
[1] -1.33296e-10  4.26259e-12---------計算終了

> X(計算終了後の解)

                 [,1]
[1,] 0.5000000
[2,] 0.8660254
```

◆ fiacco, mccormick（1968）、sargent（1969）、murtagh（ヘッシアンの逆行列の近似行列H）

$$H_{k+1} = H_k + ((t_k\sigma_k - H_k y_k)(t_k\sigma_k - H_k y_k)^T)/(y_k^T(t_k\sigma_k - H_k y_k))$$

ただし、更新式は、

$$X_{k+1} = X_k + t_k \sigma_k$$

で σ_k は、

$$\sigma_k = -H_k F(X_k)$$

です。こちらについても具体的なアルゴリズムを挙げていきます(リスト3-7)。

○リスト3-7：list3-7.R

```
# fiacco, mccormick (1968)、murtagh, sargent (1969)

# 関数定義
f<-function(x){
  f1=x[1]^2+x[2]^2-1
  f2=x[1]^2-x[2]^2
  return(c(f1,f2))
}

# 初期値 (1,1)
X=rep(1,2)

# ヘッシアンの近似行列の初期値
H=diag(1,length(X))

# 反復計算回数
ite=1000

# 最小点から非常にかけ離れた点になるのを防ぐためのスカラ
eta=10^(-2)

for(l in 1:ite){
  # 各代数方程式の値が入ったベクトル
  f_val=f(X)

  # 座標点に対する更新量ベクトル
  sigma=t(t(-H%*%f_val))

  # etaによって学習幅を設定し座標点を更新
  X=X+eta*sigma

  # 以前の座標点と更新された座標点の関数値の差のベクトル (y)
  y=f(X)-f_val

  # ヘッシアンの逆行列の近似行列の更新
  H=H+(eta*sigma-H%*%y)%*%t(eta*sigma-H%*%y)/as.numeric(t(y)%*%(eta*sigma-H%*%y))

  print(f(X))
}
```

○出力結果（リスト3-7）

```
反復計算最後尾（各代数方程式の値：～500回）
[1]  0.0072198497  -0.0003141986
[1]  0.0071476538  -0.0003110569
[1]  0.0070761799  -0.0003079466
[1]  0.0070054207  -0.0003048674
[1]  0.006935369   -0.000301819
[1]  0.0068660177  -0.0002988011
[1]  0.0067973600  -0.0002958133
[1]  0.0067293887  -0.0002928554
[1]  0.0066620971  -0.0002899271
[1]  0.0065954784  -0.0002870281
[1]  0.006529526   -0.000284158

計算後の座標点
> X
               [,1]
[1,] 0.7093114
[2,] 0.7095117
```

◆その他の反復法

これまでニュートン法および準ニュートン法を扱いました。ただそれ以外にも反復法はいくつもあります。なので、ここではいくつかピックアップして紹介していきます。

◆Levenberg（1944）

非線形関数$f_i(x)$、$i = 1, \dots, m$、$x = (x_1, x_2, \dots, x_n)$に対して、

$$J = \sum_{i=1}^{m} f_i^2(x)$$

を最小にする方法を紹介します。第k回目の解の近似x^kにおいて、$f_i(x)$を線形化して、

$$f_i(x) = f_i(x^k) + \sum_{j=1}^{n} \frac{\partial f_i}{\partial x_j} \delta x_j、\delta x_j = x_j - x_j^k$$

と展開します。この式をJに代入して、xについての微係数をゼロにすると、次のようになります。

$$\begin{pmatrix} \frac{\partial f_1}{\partial x_1} & \cdots & \frac{\partial f_m}{\partial x_1} \\ \vdots & \ddots & \vdots \\ \frac{\partial f_1}{\partial x_n} & \cdots & \frac{\partial f_m}{\partial x_n} \end{pmatrix} \begin{pmatrix} \frac{\partial f_1}{\partial x_1} & \cdots & \frac{\partial f_1}{\partial x_n} \\ \vdots & \ddots & \vdots \\ \frac{\partial f_m}{\partial x_1} & \cdots & \frac{\partial f_m}{\partial x_n} \end{pmatrix} \begin{pmatrix} \delta x_1 \\ \vdots \\ \delta x_n \end{pmatrix} = - \begin{pmatrix} \frac{\partial f_1}{\partial x_1} & \cdots & \frac{\partial f_m}{\partial x_1} \\ \vdots & \ddots & \vdots \\ \frac{\partial f_1}{\partial x_n} & \cdots & \frac{\partial f_m}{\partial x_n} \end{pmatrix} \begin{pmatrix} f_1 \\ \vdots \\ f_n \end{pmatrix}$$

ここで、行列が特異にならないように、wを正の小さいスカラにおいて対角行列を足した（Iは単位行列）、

$$A = \begin{pmatrix} \frac{\partial f_1}{\partial x_1} & \cdots & \frac{\partial f_m}{\partial x_1} \\ \vdots & \ddots & \vdots \\ \frac{\partial f_1}{\partial x_n} & \cdots & \frac{\partial f_m}{\partial x_n} \end{pmatrix} \begin{pmatrix} \frac{\partial f_1}{\partial x_1} & \cdots & \frac{\partial f_1}{\partial x_n} \\ \vdots & \ddots & \vdots \\ \frac{\partial f_m}{\partial x_1} & \cdots & \frac{\partial f_m}{\partial x_n} \end{pmatrix} + wI$$

と、

$$y = - \begin{pmatrix} \frac{\partial f_1}{\partial x_1} & \cdots & \frac{\partial f_m}{\partial x_1} \\ \vdots & \ddots & \vdots \\ \frac{\partial f_1}{\partial x_n} & \cdots & \frac{\partial f_m}{\partial x_n} \end{pmatrix} \begin{pmatrix} f_1 \\ \vdots \\ f_n \end{pmatrix}$$

によって、次式

$$[A + wI]\delta x = -y$$

を解いて$\delta x = (\delta x_1, \ldots, \delta x_n)^T$を求め、

$$x^{k+1} = x^k + \delta x$$

により逐次的にJを最小化できます。

この方法による最小化とは、

$$||\delta x||^2 = ||\delta x^k||^2$$

を満たす球面上での最小化になります。**リスト3-8**では$x_1^2 + x_2^2 - 1$と$x_1^2 - x_2 + 1$の解(x_1, x_2)を求めるアルゴリズムを紹介します。

○リスト3-8：list3-8.R

```
# levenberg(1944)

# 関数定義
f<-function(x){
```

```
↘
  f1=x[1]^2+x[2]^2-1
  f2=x[1]^2-x[2]+1
  return(c(f1,f2))
}

# 初期値
X=rep(2,2)

# 反復計算回数
ite=500

# 学習率
eta=10^(-1)

# 差分メッシュ
h=0.01

# 正の小さいスカラ
w=0.1

for(l in 1:ite){
  # ヤコビアンを計算する箱を用意
  df=array(0,dim=c(length(X),length(X)))

  # 1次差分を用いて数値微分し、ヤコビアンを計算する
  for(j in 1:length(X)){
    vec=X;vec[j]=vec[j]+h
    df[j,]=(f(vec)-f(X))/h
  }

  # 逆行列が特異にならないよう、対角成分をwで調整
  A=df%*%t(df)+diag(w,length(X))
  y=df%*%f(X)

  # 座標点更新の際に必要なベクトルを計算
  dx=solve(A)%*%(-y)

  # 学習幅に従って座標点を更新
  X=X+eta*dx

  print(f(X))
}
```

○出力結果（リスト3-8）

```
各代数方程式の値の最後尾の反復計算の結果(～500回)
[1] 0.0001768460 0.0003532523
[1] 0.0001763782 0.0003523198
[1] 0.0001759127 0.0003513919
↘
```

```
↘
[1] 0.0001754494 0.0003504686
[1] 0.0001749884 0.0003495498
[1] 0.0001745296 0.0003486354
[1] 0.0001740731 0.0003477255 -----計算終了

最終的に求まった解
> X
           [,1]
[1,] 0.0170247
[2,] 0.9999421
```

◆再急降下法(勾配降下法)、勾配上昇法

- 勾配ベクトル：$\nabla f(x)$
- 学習幅　　　：α

とします。勾配ベクトル$\nabla f(x)$は点x^kにおいて目的関数fの値が増加する方向になります。

このことにしたがって、関数fの値を減少させるために勾配ベクトルと逆方向$d^k = -\nabla f(x^k)$に学習幅だけ進んだ点

$$x^{k+1} = x^k + \alpha d^k$$

を次の点として反復計算を繰り返す方法を**再急降下法**、もしくは**勾配降下法**といいます。逆に、$d^k = \nabla f(x^k)$として関数fの値を増加させる方法を**勾配上昇法**といいます。

これらについて、具体例としてのコード、その方法を挙げておきます。

◆単回帰(勾配降下法)

x軸上の値x_1、x_2、…、x_nについて測定値y_1、y_2、…、y_nが対応しているとします。これらをもとに2乗誤差

$$S = \sum_{i=1}^{n}(y_i - Ax_i - B)^2$$

を最小にすることを考えます。2乗誤差を最小にする切片・傾きはこの偏微分の式

$$\frac{\partial S}{\partial A} = -2\sum_{i=1}^{n}(y_i - Ax_i - B) = 0$$

$$\frac{\partial S}{\partial B} = -2\sum_{i=1}^{n}x_i(y_i - Ax_i - B) = 0$$

を計算することによって得られます。その切片$\hat{B}$と傾き$\hat{A}$は次のようになります。

$$\hat{A} = \frac{\sum_{i=1}^{n}(x_i - \bar{x})(y_i - \bar{y})}{\sum_{i=1}^{n}(x_i - \bar{x})^2}$$

$$\hat{B} = \bar{y} - \hat{A}\bar{x}$$

ただし、$\bar{x} = \frac{1}{n}\sum_{i=1}^{n}x_i$、$\bar{y} = \frac{1}{n}\sum_{i=1}^{n}y_i$ です。今後、この記号を用いることとします。

リスト3-9では、この2乗誤差について求められる切片と傾きについて、再急降下法の場合と2乗誤差の偏微分から計算される切片$\hat{B}$と傾き$\hat{A}$の場合で比較しています。

○リスト3-9：list3-9.R

```
# 再急降下法で単回帰の切片と傾きを計算

# x軸方向の値
x=c(2,3,5,7,8)

# y軸方向の値
y=c(10,21,34,55,66)

# 目的関数の設定
f<-function(a,b){
  return(sum((y-a*x-b)^2))
}

# 学習幅
alpha=0.001

# 初期の切片Bと傾きA
A=1;B=1
```

```
↘
# 反復計算回数
ite=10000

# 数値微分のための差分メッシュ
h=0.01

for(l in 1:ite){
  # 更新前の切片と傾きの値を保存
  param=c(A,B)

  # 学習幅に従って傾きを更新
  A=A-alpha*(f(param[1]+h,param[2])-f(param[1],param[2]))/h

  # 学習幅に従って切片を更新
  B=B-alpha*(f(param[1],param[2]+h)-f(param[1],param[2]))/h

  # 誤差二乗和(目的関数値)のプロット
  print(f(A,B))
}

# 最小二乗法で求まる単回帰の傾き
A_hat=cov(x,y)/var(x)

# 最小二乗法で求まる単回帰の切片
B_hat=mean(y)-mean(x)*cov(x,y)/var(x)
```

○出力結果(リスト3-9)

```
> A(再急降下法で計算された傾き)
[1] 9.052692
>
> B(再急降下法で計算された切片)
[1] -8.068461
>
> A_hat(誤差二乗和の偏微分から計算される傾き)
[1] 9.076923
>
> B_hat(誤差二乗和の偏微分から計算される切片)
[1] -8.184615
```

この見解から、再急降下法の場合と誤差二乗和の偏微分から計算される場合とでは、切片や傾きについて多少の違いはありつつも、どちらもほぼほぼ近い値をとりました。

単回帰だけでなく、重回帰分析についても再急降下法で回帰係数の推定ができるのですが、これはあとで紹介します。

◆ **対数尤度の最大化（勾配上昇法、指数分布）**

指数分布の尤度は、データがx_1、x_2、…、x_nと観測されているとき、

$$\prod_{i=1}^{n} \mu^n e^{-\mu x_i}$$

と書き表せます。これに対し、対数尤度は、

$$l(\mu) = n\log(\mu) - \mu \sum_{i=1}^{n} x_i$$

となります。最尤推定量$\hat{\mu}$は次の式

$$\frac{dl(\mu)}{d\mu} = \frac{n}{\mu} - \sum_{i=1}^{n} x_i = 0$$

から計算され、$\hat{\mu} = \frac{1}{(\frac{1}{n}\sum_{i=1}^{n} x_i)}$ となります。

こちらもアルゴリズムで実際に検証します（リスト3-10）。

○リスト3-10：list3-10.R

```
# 指数分布の対数尤度を勾配上昇法を用いて最大化する

# 観測データを作成
x=rexp(100,rate=0.8)

# 対数尤度関数を設定
loglik<-function(lam){
  return(length(x)*log(lam)-lam*sum(x))
}

# パラメータ初期値
mu=0.1

# 反復計算回数
ite=1000

# 学習率
eta=0.0001

# 差分メッシュ
h=0.01
```
↘

```
↘
for(l in 1:ite){
  # パラメータを前進差分（数値微分）で更新
  mu=mu+eta*(loglik(mu+h)-loglik(mu))/h

  # 対数尤度関数の値をプロット
  print(loglik(mu))
}

# 計算されたパラメータ値
mu

# 最尤推定量
1/mean(x)
```

○出力結果（リスト3-10の一例（乱数のため））

```
最後尾の対数尤度の値：
[1] -92.48167
[1] -92.48167
[1] -92.48167
[1] -92.48166
[1] -92.48166

> #計算されたパラメータ値
> mu
[1] 1.073033
>
> #最尤推定量
> 1/mean(x)
[1] 1.078094
```

◆ 対数尤度の最大化（勾配上昇法、ポアソン分布）

ポアソン分布の尤度は、データが x_1、x_2、…、x_n と観測されているとき、

$$\prod_{i=1}^{n} \frac{\mu^{x_i}}{x_i!} e^{-\mu}$$

となります。これに対し、ポアソン分布の対数尤度は

$$l(\mu) = \sum_{i=1}^{n} x_i \log(\mu) - n\mu - \sum_{i=1}^{n} \log(x_i!)$$

となります。この対数尤度を勾配上昇法を用いて最大化します。

ちなみに、最尤推定量 $\hat{\mu}$ は、

$$\frac{dl(\mu)}{d\mu} = \sum_{i=1}^{n} \frac{x_i}{\mu} - n = 0$$

より、

$$\hat{\mu} = \frac{1}{n} \sum_{i=1}^{n} x_i$$

となります。

これを実際にアルゴリズムで検証してみます(リスト3-11)。

○リスト3-11：list3-11.R

```
# ポアソン分布の対数尤度を勾配上昇法を用いて最大化する

# 観測データを作成
x=c(3,5,4,2,7)

# 対数尤度関数を設定
loglik<-function(lam){
  return(sum(x)*log(lam)-length(x)*lam-sum(log(factorial(x))))
}

# パラメータ初期値
mu=1

# 反復計算回数
ite=1000

# 学習率
eta=0.01

# 差分メッシュ
h=0.01

for(l in 1:ite){
  # パラメータを前進差分(数値微分)で更新
  mu=mu+eta*(loglik(mu+h)-loglik(mu))/h

  # 対数尤度関数の値をプロット
  print(loglik(mu))
}
```

```
↘
# 反復計算で求められたパラメータ値
mu

# 実際の最尤推定量
mean(x)
```

○出力結果（リスト3-11）

```
最後尾の対数尤度の値：
[1] -9.838853
[1] -9.838853

> mu
[1] 4.194993

> mean(x)
[1] 4.2
```

◆対数尤度の最大化（勾配上昇法、正規分布）

正規分布の対数尤度は

$$l(\mu, \sigma^2) = -\frac{n}{2}\log(2\pi\sigma^2) - \frac{1}{2\sigma^2}\sum_i (x_i - \mu)^2$$

で、その偏微分の式

$$\frac{\partial l(\mu, \sigma^2)}{\partial \mu} = \frac{1}{\sigma^2}\sum_i (x_i - \mu) = 0$$

$$\frac{\partial l(\mu, \sigma^2)}{\partial \sigma^2} = -\frac{n}{2\sigma^2} + \frac{1}{2\sigma^4}\sum_i (x_i - \mu)^2 = 0$$

を計算することによって、最尤推定量：$\hat{\mu} = \frac{1}{n}\sum_i x_i$、$\widehat{\sigma^2} = \frac{1}{n}\sum_i (x_i - \hat{\mu})^2$ が計算されることを紹介しました。このことを勾配上昇法によって計算を確認してみます（**リスト3-12**）。

○リスト3-12：list3-12.R

```
# 勾配上昇法で正規分布の対数尤度を最適化する

# データを乱数で作成（標準正規分布）
x=rnorm(100);n=length(x)

# 対数尤度を目的関数として最大化する
f<-function(mu,sigma){
  return(-log(2*pi*sigma^2)*n/2-sum((x-mu)^2)/sqrt(2*sigma^2))
}

# 正規分布のパラメータの初期値
MU=1;SIGMA=2

# 反復計算回数
ite=1000

# 学習率
eta=0.001

# 差分メッシュ
h=0.01

for(l in 1:ite){
  # パラメータの保存
  param=c(MU,SIGMA)

  # パラメータの更新：MU
  MU=MU+eta*sum(x-MU)/(SIGMA^2)

  # パラメータの更新：SIGMA
  SIGMA=SIGMA+eta*(-n/(2*SIGMA^2)+sum((x-MU)^2)/(2*SIGMA^4))

  # 対数尤度を計算
  print(f(MU,SIGMA))
}

# 最尤推定量：MU
mean(x)

# 最尤推定量：SIGMA
var(x)
```

○出力結果（リスト3-12）

```
> MU
[1] 0.1555845
>
> SIGMA
[1] 1.076858
>
>
>
> #最尤推定量：MU
> mean(x)
[1] 0.1555845
>
> #最尤推定量：SIGMA
> var(x)
[1] 1.171336
>
```

第4章

重回帰分析

重回帰モデルは次章で説明する一般化線形モデルでいう正規回帰モデルにあたります。また、正規回帰モデルの尤離度（deviance）は予測値と目的変量の２乗誤差になります。

本章ではその重回帰モデルおよび重回帰分析について、前章で紹介した再急降下法や準ニュートン法による計算法と理論そのものについて触れていきます。

4-1　正規方程式と重回帰式

重回帰分析においての例を挙げると、例えば体重を予想したい場合、その要因として挙げられそうなのは何がありそうでしょうか。身長、足の大きさ、ウエストなどいくつか思いつくものがあります。

ここで列挙した中で、体重のことを目的変数(変量)、それ以外の身長、足の大きさ、ウエストなどの体重に寄与しそうなものを説明変数(変量)といいます。

仮に、**表4-1**のようなデータが得られるとします。

◯表4-1：データ例

標本番号	説明変量			目的変量
	身長	足の大きさ	ウエスト	体重
1	168	25	97	80
2	157	24	70	50
…	…	…	…	…
…	…	…	…	…
…	…	…	…	…
…	…	…	…	…
N	180	26	88	98

このようなデータをもとに、重回帰分析を行う方法を説明します。

まず、単位ベクトルを次のように表示されるN次元の縦ベクトルとします。

$$I = \begin{pmatrix} 1 \\ 1 \\ \dots \\ 1 \end{pmatrix}$$

次に説明変量を要素とする行列を、

$$X = \begin{pmatrix} x_{11} & \cdots & x_{1n} \\ \vdots & \ddots & \vdots \\ x_{N1} & \cdots & x_{Nn} \end{pmatrix}$$

とします。

例えば、x_{11}、x_{21}、…、x_{N1}を身長のデータ、x_{12}、x_{22}、…、x_{N2}を足の大きさのデータなどです。これはn個の説明変量があるデータに対し、標本番号がN個ある場合の、説明変量に対する行列になります。

このマトリックスに単位ベクトルの列を第1列目に結合したものを新たに、

$$X = \begin{pmatrix} 1 & \cdots & x_{1n} \\ \vdots & \ddots & \vdots \\ 1 & \cdots & x_{Nn} \end{pmatrix}$$

とするとき、この行列と次に定義する目的変量のベクトル、

$$Y = \begin{pmatrix} y_1 \\ y_2 \\ \dots \\ y_N \end{pmatrix}$$

から線形式(重回帰式)、

$$\hat{Y} = X\beta + e\text{、}\quad e\text{は残差}$$

を推定することを考えます。

βは偏回帰係数と呼ばれるもので、この線形模型の各傾き(身長、足の大きさ、ウエストなど)や切片を含むベクトルです。$\hat{Y}$はこの重回帰式から得られる予測値の縦ベクトルで**回帰推定値**といいます。

また、残差に関しては、

$$e = \begin{pmatrix} e_1 \\ e_2 \\ \dots \\ e_N \end{pmatrix}$$

で各要素$e_i, i = 1, 2, \dots, N$は互いに独立に平均0、分散σ^2の正規分布に従います。

回帰推定値と各説明変数との関係を書き下すと次のようになります。

$$\widehat{Y_1} = \beta_0 * 1 + \beta_1 * x_{11} + \beta_2 * x_{12} + \cdots + \beta_n * x_{1n}$$
$$\widehat{Y_2} = \beta_0 * 1 + \beta_1 * x_{21} + \beta_2 * x_{22} + \cdots + \beta_n * x_{2n}$$
$$\vdots \qquad\qquad \vdots$$
$$\widehat{Y_N} = \beta_0 * 1 + \beta_1 * x_{N1} + \beta_2 * x_{N2} + \cdots + \beta_n * x_{Nn}$$

回帰推定値と目的変量の近さを表す基準として2乗誤差

$$S = \sum_{i=1}^{N} (Y_i - \widehat{Y}_i)^2$$

が最小になるように偏回帰係数βを求めることを考えます。

ここでの$'$は転置を表すことにすると、2乗誤差Sは

$$S = (Y - \widehat{Y})'(Y - \widehat{Y})$$

と表すことができます。この2乗誤差を最小にする偏回帰係数を求めるには、各偏回帰係数で偏微分して0とおけばよいので、

$$\frac{\partial S}{\partial \beta_0} = -2 \sum_{i=1}^{N} \big(Y_i - (\beta_0 + \beta_1 x_{i1} + \cdots + \beta_n x_{in})\big) = 0$$

$$j \neq 0、\quad \frac{\partial S}{\partial \beta_j} = -2 \sum_{i=1}^{N} x_{ij} \big(Y_i - (\beta_0 + \beta_1 x_{i1} + \cdots + \beta_n x_{in})\big) = 0$$

これを行列で表示すると、

$$\frac{\partial S}{\partial \beta} = -2X'Y + 2X'X\beta = 0$$

となります。この方程式を整理して、**正規方程式**と呼ばれる次の式が得られます。

$$X'X\beta = X'Y$$

この式より、偏回帰係数βに対して次のように求められます。

$$\hat{\beta} = (X'X)^{-1}X'Y$$

これで2乗誤差Sを最小にする偏回帰係数を求めることができます。ただし、$X'X$の逆行列が存在する場合でないといけません。

◆ 偏差積和行列を用いる方法

偏回帰係数を求めるには偏差積和行列を用いる方法もあります。偏差積和行

列とは、

$$\bar{X} = \begin{pmatrix} \overline{x_1} & \cdots & \overline{x_n} \\ \vdots & \ddots & \vdots \\ \overline{x_1} & \cdots & \overline{x_n} \end{pmatrix} \Big\} N$$

を各特徴量の平均値 $\overline{x_i}, i = 1,2, \ldots, n$ を要素として持つ行列としたとき、各変量 $x_{ik}, k = 1,2, \ldots$ の偏差積和行列と各変量 $x_{ik}, k = 1,2, \ldots$ と目的変量 Y の積和行列をそれぞれ、

$$A = (X - \bar{X})'(X - \bar{X})$$

$$A_y = (X - \bar{X})'(Y - \bar{Y})$$

として、偏回帰係数は

$$\beta = A^{-1}A_y$$

を解くことによって求めることができます。ただし、ここでも同じく、行列Aの逆行列(もしくは行列式の値が0でない)が存在する場合でないといけません。

リスト4-1では再急降下法と正規方程式で求めたものについて比較しています。

○リスト4-1：list4-1.R

```
# 再急降下法と正規方程式の比較

# 目的変量yと説明変量x1, x2の入ったデータ
data=data.frame(num=1:20,y=c(167,167.5,168.4,172,155.3,151.4,163,174,168,160.4,164
.7,171,162.6,164.8,163.3,167.6,169.2,168,167.4,172),x1=c(84,87,86,85,82,87,92,94,8
8,84.9,78,90,88,87,82,84,86,83,85.2,82),x2=c(61,55.5,57,57,50,50,66.5,65,60.5,49.5
,49.5,61,59.5,58.4,53.5,54,60,58.8,54,56))

# 目的変量のベクトル
Y=as.numeric(data$y)

# 説明変量の行列
X=as.matrix(data[,colnames(data) %in% c("x1","x2")])
X=cbind(rep(1,nrow(X)),X)

# 再急降下法

# 偏回帰係数の初期値
beta=rep(10,ncol(X))

# 学習率
eta=10^(-6)
```

```
↘

# 反復計算回数
ite=10^8

for(l in 1:ite){
  # 偏回帰係数の更新
  beta=beta-eta*(-2*t(X)%*%Y+2*t(X)%*%X%*%beta)

  # 回帰推定値
  Y_hat=X%*%beta

  # 2乗誤差
  S=sum((Y-Y_hat)^2)
}

# 正規方程式を直接解く場合
solve(t(X)%*%X)%*%t(X)%*%Y
```

○出力結果（リスト4-1）

```
> beta(再急降下法の場合):
                  [,1]
   166.3700855
x1   -0.6587273
x2    0.9852840

> #正規方程式を直接解く場合：
>
> solve(t(X)%*%X)%*%t(X)%*%Y

                  [,1]
     166.6610323
x1   -0.6628480
x2    0.9863905
```

確かにほぼ同じパラメータ値に収束しましたが、再急降下法だと大きく時間がかかってしまいます。これではいけないので、今度は準ニュートン法(Broyden Quasi-Newton Algorithm)で行ってみます(**リスト4-2**)。

○リスト4-2：list4-2.R

```
# 準ニュートン法(Broyden Quasi-Newton Algorithm)と正規方程式の比較
                                                            ↘
```

```
↘
# 目的変量yと説明変量x1,x2の入ったデータ
data=data.frame(num=1:20,y=c(167,167.5,168.4,172,155.3,151.4,163,174,168,160.4,164
.7,171,162.6,164.8,163.3,167.6,169.2,168,167.4,172),x1=c(84,87,86,85,82,87,92,94,8
8,84.9,78,90,88,87,82,84,86,83,85.2,82),x2=c(61,55.5,57,57,50,50,66.5,65,60.5,49.5
,49.5,61,59.5,58.4,53.5,54,60,58.8,54,56))

# 目的変量のベクトル
Y=as.numeric(data$y)

# 説明変量の行列
X=as.matrix(data[,colnames(data) %in% c("x1","x2")])

# 説明変量の行列（更新後）
XX=cbind(rep(1,nrow(X)),X)

# Broyden Quasi-Newton Algorithm

# 行列形式
f<-function(x){
  return(c(-2*t(XX)%*%Y+2*t(XX)%*%XX%*%x))
}

# 偏回帰係数のパラメータの初期値
X=rep(1,ncol(XX))

# 反復計算回数
ite=10000

# ヤコビアンの近似行列の初期値
H=diag(f(X))

# 学習率
eta=0.1

for(l in 1:ite){
  # 全誤差の合計が10^(-9)以下になったら計算打ち止め
  if(sum(abs(f(X)))>10^(-9)){
    # 更新前のパラメータ（偏回帰係数）を保存
    X_pre=X

    # パラメータの更新
    X=X-eta*H%*%f(X)

    # 更新前と更新後のパラメータの差分
    s=X-X_pre

    # 最小化したいコストの差分
    y=f(X)-f(X_pre)

    # 近似的なヤコビアン行列の作成
    H=H+((s-H%*%y)/as.numeric(t(s)%*%H%*%y))%*%t(s)%*%H

    print((f(X)))
  }
                                                                               ↘
```

```
↘
}

# 正規方程式を直接解く場合
solve(t(XX)%*%XX)%*%t(XX)%*%Y
```

○出力結果（リスト4-2）

```
最後尾の値（～10000回）：
[1] -7.275958e-12 -8.149073e-10 -6.984919e-10
[1] -5.456968e-12 -6.984919e-10 -5.820766e-10
[1] -3.637979e-12 -5.820766e-10 -2.328306e-10

 X：準ニュートン法による偏回帰係数値
             [,1]
[1,]  166.6610323 （切片）
[2,]   -0.6628480 （回帰係数1）
[3,]    0.9863905 （回帰係数2）
```

リスト4-2のほうが計算速度が速いので、準ニュートン法をお勧めします。

反復法の話はこれくらいにして、次は重回帰の有意性の検定について具体的なサンプルデータで確認しながら、Rコードの実装を含めて解説していきます。回帰推定値の値がどの程度有効であるかを検証するため、分散分析と重相関係数を用いる方法を説明します。

4-2　分散分析

目的変量Yの全変動a_{yy}は回帰推定値$\hat{Y}$の変動と、回帰からの残差変動eの変動和になります。これを式で表すと、

$$a_{yy} = \sum_{i=1}^{N}(Y_i - \bar{Y})^2$$

となりますが、別式でも書き換えることができて、

$$a_{yy} = \sum_{i=1}^{N}(Y_i - \bar{Y})^2 = \sum_{i=1}^{N}(Y_i - \hat{Y}_i + \hat{Y}_i - \bar{Y})^2 = \sum_{i=1}^{N}(Y_i - \hat{Y}_i)^2 + \sum_{i=1}^{N}(\hat{Y}_i - \bar{\hat{Y}}_i)^2$$

このうち、全変動の第1項目を**残差変動(EV)**、第2項目を**回帰変動(RV)**といいます。

式で書けば次の通りです。

$$EV = \sum_{i=1}^{N}(Y_i - \widehat{Y}_i)^2$$

$$RV = \sum_{i=1}^{N}(\widehat{Y}_i - \overline{\widehat{Y}}_i)^2$$

それぞれ残差変動と回帰変動は、目的変量に対して、どの程度説明できているのか、その大きさを表しています。つまり、残差変動が大きいことはよくないわけなので、回帰変動が大きいほど、重回帰式による当てはまりの効果が大きいわけです。

この変動の大きさに対して、回帰変動が誤差変動に比べてどの程度であればいいのか、これを検定する方法が分散分析になります(**表4-2**)。

○表4-2：分散分析表

変動要因	平方和	自由度	不偏分散
全変動	$a_{yy} = \sum_{i=1}^{N}(Y_i - \bar{Y})^2$	$N-1$	
回帰変動	$RV = \sum_{i=1}^{N}(\widehat{Y}_i - \overline{\widehat{Y}}_i)^2$	p	$V_R = \frac{RV}{p}$
誤差変動	$EV = \sum_{i=1}^{N}(Y_i - \widehat{Y}_i)^2$	$N-p-1$	$V_e = \frac{EV}{N-p-1}$

また、分散比$F = \frac{V_R}{V_e}$は自由度(p, N-p-1)のf分布に従うことが知られています。

この結果をもとに検定内容をまとめると次のようになります。

H：求めた重回帰式は目的変量の推定に役に立たない

このもとで、有意水準α%とするとき、

$$F = \frac{V_R}{V_e} > F(p, N-p-1\,;\,\alpha)$$

が成立するなら、この帰無仮説Hを棄却します。ただし、$F(p, N-p-1\,;\,\alpha)$は有意水準α%における分位点(quantile)の値を指します。

4-3　重相関係数

重相関係数は目的変量と回帰推定値から次の式で定義されます。

$$R = \frac{\sum_{i=1}^{N}(Y_i - \overline{Y_i})(\widehat{Y_i} - \widehat{Y_i})}{\sqrt{\left(\sum_{i=1}^{N}(Y_i - \overline{Y_i})^2\right)\left(\sum_{i=1}^{N}(\widehat{Y_i} - \overline{\widehat{Y_i}})^2\right)}}$$

これは、目的変量と回帰推定値の相関係数を表します。この2乗値を**寄与率**といいます。

次の式

$$\sum_{i=1}^{N}\left(Y_i - \widehat{Y_i}\right)\left(\widehat{Y_i} - \overline{\widehat{Y_i}}\right) = 0$$

が、

$$\frac{\partial S}{\partial \beta_0} = -2\sum_{i=1}^{N}\left(Y_i - (\beta_0 + \beta_1 x_{i1} + \cdots + \beta_n x_{in})\right) = -2\sum_{i=1}^{N}\left(Y_i - \widehat{Y_i}\right) = 0$$

$$j \neq 0、\quad \frac{\partial S}{\partial \beta_j} = -2\sum_{i=1}^{N} x_{ij}\left(Y_i - (\beta_0 + \beta_1 x_{i1} + \cdots + \beta_n x_{in})\right) = -2\sum_{i=1}^{N} x_{ji}\left(Y_i - \widehat{Y_i}\right) = 0$$

の式から導かれるので、寄与率は次のように書き表せます。

$$R^2 = \frac{(\sum_{i=1}^{N}(Y_i - \overline{Y}_i)(\widehat{Y}_i - \overline{\widehat{Y}}_i))^2}{(\sum_{i=1}^{N}(Y_i - \overline{Y}_i)^2)(\sum_{i=1}^{N}(\widehat{Y}_i - \overline{\widehat{Y}}_i)^2)} = \frac{\sum_{i=1}^{N}(\widehat{Y}_i - \overline{\widehat{Y}}_i)^2}{\sum_{i=1}^{N}(Y_i - \overline{Y}_i)^2} = \frac{RV}{a_{yy}} = 1 - \frac{EV}{a_{yy}}$$

よって、寄与率は全変動の中の、回帰変動による割合を表しています。

リスト4-3では高校1年生の男子の身長(y)、胸囲(x1)、体重(x2)のデータについて説明しています。

○リスト4-3：list4-3.R

```
# multiple regression

library(dplyr)

# 例1
data=data.frame(num=1:20,y=c(167,167.5,168.4,172,155.3,151.4,163,174,168,160.4,164
.7,171,162.6,164.8,163.3,167.6,169.2,168,167.4,172),x1=c(84,87,86,85,82,87,92,94,8
8,84.9,78,90,88,87,82,84,86,83,85.2,82),x2=c(61,55.5,57,57,50,50,66.5,65,60.5,49.5
,49.5,61,59.5,58.4,53.5,54,60,58.8,54,56))

# 平均と標準偏差のデータ
Expect_and_sd_data=data.frame(value=c("mean","sd"),y=c(mean(data$y),sd(data$y)),x1
=c(mean(data$x1),sd(data$x1)),x2=c(mean(data$x2),sd(data$x2)))

Data=data %>% select(x1,x2,y)

# 偏差積和行列
A=array(0,dim=c(3,3))
for(i in 1:ncol(A)){
  for(j in 1:nrow(A)){
    A[i,j]=sum((Data[,i]-mean(Data[,i]))*(Data[,j]-mean(Data[,j])))
  }
}
part_of_inverse_A=solve(A[1:2,1:2])

# 偏回帰係数
b1=sum(A[1:2,3]*part_of_inverse_A[1,1:2])
b2=sum(A[1:2,3]*part_of_inverse_A[2,1:2])
b0=mean(data$y)-b1*mean(data$x1)-b2*mean(data$x2)
print(paste0("Y=",signif(b0,digits=4),signif(b1,digits=4),"x1+",signif(b2,digits=4
),"x2"))

# 重回帰式の有意性の検定

# 全変動
ayy=A[3,3]
```

```
↘
# 残差の変動
EV=sum((Data$y-(b0+b1*Data$x1+b2*Data$x2))^2)

# 回帰による変動
RV=sum(((b0+b1*Data$x1+b2*Data$x2)-mean(b0+b1*Data$x1+b2*Data$x2))^2)

# 全変動の値＝EV＋RVとなっているかどうか
if(signif(ayy,digits=6)==signif(EV+RV,digits=6)){
  print("your answer is right!")
}

# 重相関係数
R=(1-EV/(EV+RV))^(1/2)

# 寄与率(propotion)
R^2

# 標準変量の追加
data=data%>%mutate(Y=(y-mean(y))/sd(y),X1=(x1-mean(x1))/sd(x1),X2=(x2-mean(x2))/
sd(x2))

plot(data$Y,ylim=c(-5,5),type="p",col=1,ylab="身長")
plot(data$X1,ylim=c(-5,5),type="p",col=2,ylab="胸囲")
plot(data$X2,ylim=c(-5,5),type="p",col=3,ylab="体重")

# 各特徴量が標準化された時の偏回帰係数（切片は0になる）
B1=b1*((A[1,1]/ayy)^(1/2));B2=b2*((A[2,2]/ayy)^(1/2))

# 回帰方程式のプロット
print(paste0("Y=",signif(B1,digits = 4),"X1+",signif(B2,digits=4),"X2"))

# 不偏分散
V_R=RV/(ncol(Data)-1);V_e=EV/(nrow(Data)-(ncol(Data)-1)-1)

# f検定量
static_F=V_R/V_e

# f分布の密度関数の作成
F_dis=function(n1,n2,x){
  y<-(gamma((n1+n2)/2)*((n1/n2)^(n1/2))*(x^((n1/2)-1))*((1+(n1*x)/n2)^(-
(n1+n2)/2)))/(gamma(n1/2)*gamma(n2/2))
  return(y)
}

# 自由度
n1=(ncol(Data)-1);n2=(nrow(Data)-(ncol(Data)-1)-1)

# f分布のプロットデータ
F_dis_data=data.frame(num=seq(0.01,10,by=0.01)) %>% mutate(value=F_dis(n1,n2,num)
,test=df(num,n1,n2))

# f分布のプロット
plot(F_dis_data$num,F_dis_data$value,type="l")
                                                                                ↘
```

```
↘
# 実際にパッケージの値と比べてみてください
# 0.01のところはF_dis_dataのnumの値、valueは出力値になります
df(0.01,n1,n2)

# F分布の確率点
alpha=0.05

x_point=qf((1-alpha),2,17)

# H：このモデルは目的変量の推定の役に立たない
if(x_point<static_F){
  print(paste0("危険率",100*alpha,"%を許すならば有意である"))
}
```

◆出力結果（リスト4-3）

◆データ・平均と標準偏差・偏差積和

○表4-3：高校1年生の男子の身長y、胸囲x1、体重x2のデータ（data）

num	y	x1	x2
1	167	84	61
2	167.5	87	55.5
3	168.4	86	57
4	172	85	57
5	155.3	82	50
6	151.4	87	50
7	163	92	66.5
8	174	94	65
9	168	88	60.5
10	160.4	84.9	49.5
11	164.7	78	49.5
12	171	90	61
13	162.6	88	59.5
14	164.8	87	58.4
15	163.3	82	53.5
16	167.6	84	54
17	169.2	86	60
18	168	83	58.8
19	167.4	85.2	54
20	172	82	56

○表4-4：平均値と標準偏差：Expect_and_sd_data

value	y	x1	x2
mean	165.88	85.755	56.835
sd	5.536824	3.682458	4.933268

○表4-5：偏差積和行列：A

	x1	x2	y
x1	257.6495	250.3415	76.152
x2	250.3415	462.4055	290.174
y	76.152	290.174	582.472

○出力結果1（回帰方程式の出力と全変動・回帰変動（RV）・残差変動（EV））

```
>print(paste0("Y=",signif(b0,digits=4),signif(b1,digits=4),"x1+",signif(b2,digits=
4),"x2"))
[1] "Y=166.7-0.6628x1+0.9864x2"

> #全変動
> ayy=A[3,3]
>
> #残差の変動
> EV=sum((Data$y-(b0+b1*Data$x1+b2*Data$x2))^2)
>
> #回帰による変動
> RV=sum(((b0+b1*Data$x1+b2*Data$x2)-mean(b0+b1*Data$x1+b2*Data$x2))^2)
>
> ayy
[1] 582.472
>
> EV
[1] 346.7243
>
> RV
[1] 235.7477

> #重相関係数
> R=(1-EV/(EV+RV))^(1/2)
>
> #寄与率(propotion)
> R^2
[1] 0.4047365
```

○図4-1：身長のプロット（平均0、分散1）

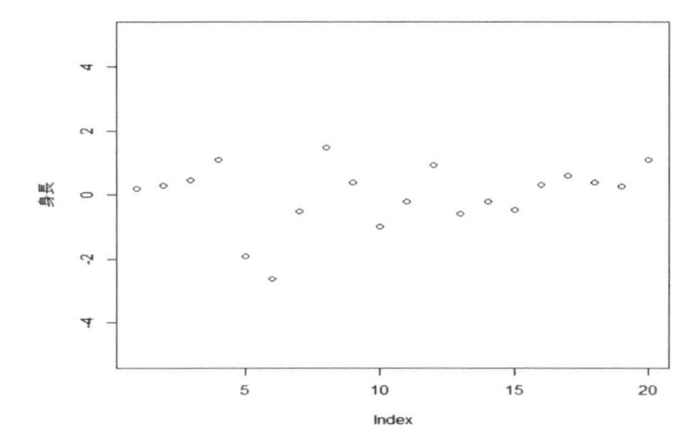

○図4-2：胸囲のプロット（平均0、分散1）

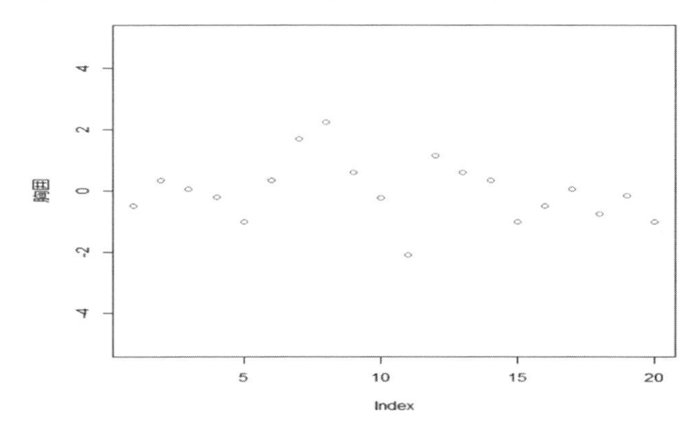

○図4-3：体重のプロット（平均0、分散1）

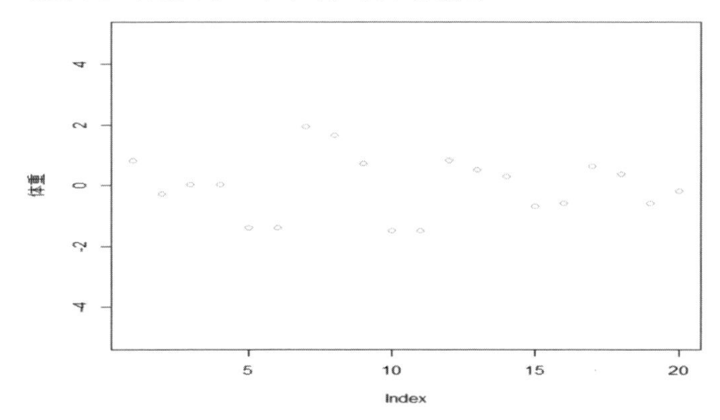

○出力結果2（回帰方程式のプロット（標準化された場合））

```
> print(paste0("Y=",signif(B1,digits = 4),"X1+",signif(B2,digits=4),"X2"))
[1] "Y=-0.4409X1+0.8789X2"

> #不偏分散
> V_R=RV/(ncol(Data)-1);V_e=EV/(nrow(Data)-(ncol(Data)-1)-1)
>
> V_R
[1] 117.8738
>
> V_e
[1] 20.39555


> #f 検定量
> static_F=V_R/V_e
>
> static_F
[1] 5.77939
```

◆ f分布の密度関数

図4-4はf分布の密度関数のプロットです。**表4-6**のnumは観測点、valueは作成した関数のf分布の密度関数の値、testはパッケージの密度関数の値（1〜60行のみ）です。

○図4-4：f分布のプロット

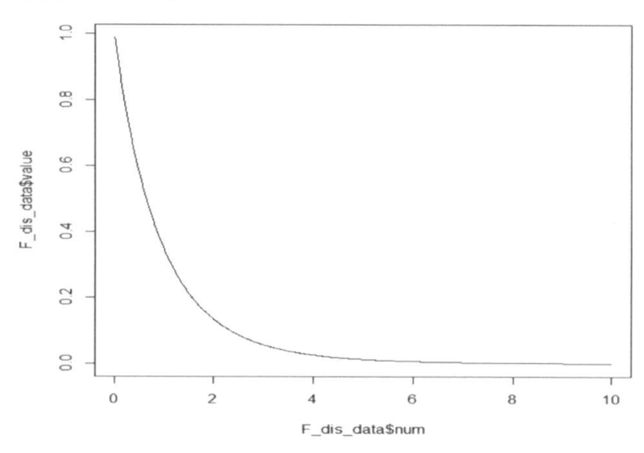

○表4-6：図4-4の値（1～60行のみ）

num	value	test
0.01	0.988892	0.988892
0.02	0.977921	0.977921
0.03	0.967084	0.967084
0.04	0.956379	0.956379
0.05	0.945805	0.945805
0.06	0.935361	0.935361
0.07	0.925043	0.925043
0.08	0.914851	0.914851
0.09	0.904784	0.904784
0.1	0.894838	0.894838
0.11	0.885013	0.885013
0.12	0.875308	0.875308
0.13	0.86572	0.86572
0.14	0.856247	0.856247
0.15	0.84689	0.84689
0.16	0.837645	0.837645
0.17	0.828511	0.828511
0.18	0.819488	0.819488
0.19	0.810573	0.810573
0.2	0.801765	0.801765
0.21	0.793062	0.793062
0.22	0.784464	0.784464
0.23	0.775969	0.775969
0.24	0.767576	0.767576
0.25	0.759282	0.759282
0.26	0.751088	0.751088
0.27	0.742991	0.742991
0.28	0.734991	0.734991
0.29	0.727085	0.727085
0.3	0.719274	0.719274
0.31	0.711555	0.711555
0.32	0.703928	0.703928
0.33	0.696391	0.696391

0.34	0.688943	0.688943
0.35	0.681583	0.681583
0.36	0.67431	0.67431
0.37	0.667122	0.667122
0.38	0.660019	0.660019
0.39	0.653	0.653
0.4	0.646063	0.646063
0.41	0.639207	0.639207
0.42	0.632432	0.632432
0.43	0.625736	0.625736
0.44	0.619118	0.619118
0.45	0.612577	0.612577
0.46	0.606113	0.606113
0.47	0.599724	0.599724
0.48	0.59341	0.59341
0.49	0.587168	0.587168
0.5	0.581	0.581
0.51	0.574903	0.574903
0.52	0.568876	0.568876
0.53	0.562919	0.562919
0.54	0.557031	0.557031
0.55	0.551212	0.551212
0.56	0.545459	0.545459
0.57	0.539772	0.539772
0.58	0.534151	0.534151
0.59	0.528595	0.528595
0.6	0.523102	0.523102

4-4　偏回帰係数の検定

重回帰式と目的変量の残差 $e_i = Y_i - \hat{Y}_i$ はすべて平均0、分散 σ^2 の正規分布に従うと仮定します。このとき、偏回帰係数の切片・傾き β_0、β_1、…、β_p の標準化の形式を用いた次の形式

$$m_i = \frac{\beta_i - E[\beta_i]}{\sqrt{V[\beta_i]}} \qquad E[\beta_i]\text{は平均、}V[\beta_i]\text{は分散}$$

の統計量は標準正規分布に従います。この結果をもとに偏回帰係数の検定や信頼区間の計算を行います。実際に$E[\widehat{\beta_i}]$、$V[\widehat{\beta_i}]$ を計算するとき、次式

$$\widehat{\beta_i} = \sum_{k=1}^{n} a^{ik} a_{ky}$$

から計算を行います。

ただし、a^{ik} は各要素を$a_{ik} = \sum_l (x_{li} - \overline{x_i})(x_{lk} - \overline{x_k})$ の形でもつ偏差積和行列の逆行列の(i, k)成分を表します。$a_{ky} = \sum_l (y_l - \bar{y})(x_{lk} - \overline{x_k})$です。

わかりやすくするため、$\widehat{\beta_0}$、$\widehat{\beta_1}$、$\widehat{\beta_2}$のみの場合で説明します。上式から、

$$\widehat{\beta_1} = a^{11}a_{1y} + a^{12}a_{2y} = a^{11}\sum_l y_l\,(x_{l1} - \overline{x_1}) + a^{12}\sum_l y_l\,(x_{l2} - \overline{x_2})$$

$$\widehat{\beta_2} = a^{21}a_{1y} + a^{22}a_{2y} = a^{21}\sum_l y_l\,(x_{l1} - \overline{x_1}) + a^{22}\sum_l y_l\,(x_{l2} - \overline{x_2})$$

でかつ、

$$a^{11} = \frac{a_{22}}{\Delta}\text{、}\ a^{22} = \frac{a_{11}}{\Delta}$$

$$a^{12} = a^{21} = -\frac{a_{12}}{\Delta}$$

ただし、$\Delta = a_{11}a_{22} - a_{12}a_{12} = \begin{vmatrix} a_{11} & a_{\ 2} \\ a_{12} & a_{22} \end{vmatrix}$。これを代入して平均値をとると、

$$E[\widehat{\beta_1}] = \frac{a_{22}}{\Delta}\sum_l E[y_l]\,(x_{l1} - \overline{x_1}) - \frac{a_{12}}{\Delta}\sum_l E[y_l]\,(x_{l2} - \overline{x_2})$$

$$E[\widehat{\beta_2}] = -\frac{a_{12}}{\Delta}\sum_l E[y_l]\,(x_{l1} - \overline{x_1}) + \frac{a_{11}}{\Delta}\sum_l E[y_l]\,(x_{l2} - \overline{x_2})$$

一方、

$$E[y_i] = \beta_0 + \beta_1 x_{i1} + \cdots + \beta_n x_{in}$$

より、計算方法は同様なので$E[\widehat{\beta_1}]$だけ見ると、

$$E[\widehat{\beta_1}] = \frac{a_{22}}{\Delta}\sum_l (x_{l1} - \overline{x_1})(\beta_0 + \beta_1 x_{l1} + \beta_2 x_{l2}) - \frac{a_{12}}{\Delta}\sum_l (x_{l2} - \overline{x_2})(\beta_0 + \beta_1 x_{l1} + \beta_2 x_{l2})$$

$$= \frac{a_{22}}{\Delta}(\beta_1 a_{11} + \beta_2 a_{12}) - \frac{a_{12}}{\Delta}(\beta_1 a_{12} + \beta_2 a_{22}) = \beta_1$$

分散に関しては、

$$V[y_i] = \sigma^2$$

をもとに

$$V[\widehat{\beta_1}] = \frac{1}{\Delta^2}\sum_l (a_{22}(x_{l1} - \overline{x_1}) - a_{12}(x_{l2} - \overline{x_2}))^2 V[y_l]$$

$$= \frac{1}{\Delta^2}(a_{22}^2 a_{11} + a_{12}^2 a_{22} - 2a_{12}a_{12}a_{22})V[y_l] = \frac{1}{\Delta}a_{22}V[y_l] = a^{11}\sigma^2$$

共分散に関しては、

$$\mathrm{cov}[\widehat{\beta_1}, \widehat{\beta_2}] = \frac{1}{\Delta^2}\sum_l (a_{22}(x_{l1} - \overline{x_1}) - a_{12}(x_{l2} - \overline{x_2}))(a_{11}(x_{l2} - \overline{x_2}) - a_{12}(x_{l1} - \overline{x_1}))V[y_l]$$

$$= \frac{1}{\Delta^2}(a_{22}a_{11}a_{12} - a_{22}a_{11}a_{12} - a_{22}a_{11}a_{12} + a_{12}^2 a_{12})V[y_l] = a^{12}\sigma^2$$

切片に関して、$\widehat{\beta_0} = \bar{y} - \overline{x_1}\widehat{\beta_1} - \overline{x_2}\widehat{\beta_2}$と$\mathrm{cov}[\bar{y}, \widehat{\beta_i}] = 0$より、

$$E[\widehat{\beta_0}] = E[\bar{y}] - \overline{x_1}\,E[\widehat{\beta_1}] - \overline{x_2}\,E[\widehat{\beta_2}] = (\beta_0 + \beta_1\overline{x_1} + \beta_2\overline{x_2}) - (\beta_1\overline{x_1} + \beta_2\overline{x_2}) = \beta_0$$

$$V[\widehat{\beta_0}] = V[\bar{y}] + \overline{x_1}^2 V[\widehat{\beta_1}] + \overline{x_2}^2 V[\widehat{\beta_2}] - 2\overline{x_1}\mathrm{cov}[\bar{y}, \widehat{\beta_1}] - 2\overline{x_2}\mathrm{cov}[\bar{y}, \widehat{\beta_2}] + 2\overline{x_1}\,\overline{x_2}\mathrm{cov}[\widehat{\beta_1}, \widehat{\beta_2}]$$

$$= (\frac{1}{N} + \sum_{k=1}^{2}\sum_{l=1}^{2}\overline{x_k}\,\overline{x_l}a^{kl})\,\sigma^2$$

$$\mathrm{cov}[\widehat{\beta_1}, \widehat{\beta_0}] = \mathrm{cov}[\bar{y}, \widehat{\beta_1}] - \overline{x_1}\,V[\widehat{\beta_1}] - \overline{x_2}\mathrm{cov}[\widehat{\beta_1}, \widehat{\beta_2}] = -\sum_{j=1}^{2}\overline{x_j}a^{1j}\sigma^2$$

となるので、このことから、一般的に、

$$E[\widehat{\beta_i}] = \beta_i、V[\widehat{\beta_i}] = a^{ii}\sigma^2 \quad i = 1, \ldots ,n$$

$$cov(\widehat{\beta_i},\widehat{\beta_j}) = a^{ij}\sigma^2 (i \neq j : i,j = 1,2,\dots,n)$$

$$cov(\widehat{\beta_i},\widehat{\beta_0}) = -\sum_{j=1}^{n} \overline{x_j} a^{ij}\sigma^2$$

$$V[\widehat{\beta_0}] = (\frac{1}{N} + \sum_{k=1}^{n}\sum_{l=1}^{n} \overline{x_k}\,\overline{x_l} a^{kl})\,\sigma^2$$

これらを代入すると、

$$m_i = \frac{\widehat{\beta_i} - \beta_i}{\sqrt{a^{ii}\sigma^2}}、\ i = 1,2,\dots\ ,n$$

$$m_0 = \frac{\widehat{\beta_0} - \beta_0}{\sqrt{(\frac{1}{N} + \sum_{k=1}^{n}\sum_{l=1}^{n} \overline{x_k}\,\overline{x_l} a^{kl})\,\sigma^2}}$$

となります。この誤差分散σ^2は未知であることが多いため、不偏推定量である残差分散を用いておきなおすと、統計量

$$t_i = \frac{\widehat{\beta_i} - \beta_i}{\sqrt{a^{ii}V_e}}、\ i = 1,2,\dots\ ,n$$

$$t_0 = \frac{\widehat{\beta_0} - \beta_0}{\sqrt{(\frac{1}{N} + \sum_{k=1}^{n}\sum_{l=1}^{n} \overline{x_k}\,\overline{x_l} a^{kl})\,V_e}}$$

は自由度$N - p - 1$のt分布に従うことが知られています。

◆野球のデータ

リスト4-4では野球のデータについてアルゴリズムになります。

○リスト 4-4：list4-4.R

```
# 野球のデータ※
data=data.frame(players=c("掛布","岡田","真弓","杉浦","原","クロマティ","レオン","衣笠","山本"),y=c(0.084,0.0762,0.0684,0.0847,0.0771,0.0663,0.067,0.0583,0.0628),x1=c(0.1675,0.1259,0.1023,0.16,0.1343,0.0648,0.141,0.0907,0.1565),x2=c(0.1302,0.0892,0.1046,0.1072,0.0952,0.1058,0.1666,0.1604,0.1439))

# 特徴量行列（四球/打席数：x1、三振/打数：x2）
X=cbind(rep(1,nrow(data)),data$x1,data$x2)

# 目的変量（本塁打/打数：y）
y=data$y

# 偏回帰係数
beta=solve(t(X)%*%X)%*%t(X)%*%y

# 回帰推定値
Y_hat=X%*%beta

# 残差変動
Se=sum((Y_hat-y)^2)

# 回帰変動
Sr=sum((Y_hat-mean(Y_hat))^2)

# 全変動
Syy=Se+Sr

# 寄与率
R2=Sr/Syy

# 重相関係数
R=sqrt(R2)

# 誤差分散の不偏推定量
sigma_hat=sqrt(Se/(nrow(data)-3))

# 偏差積和行列Aの計算
X2=X[,-1];x_ave=apply(X2,2,mean)
X2=t(t(X2)-apply(X2,2,mean))
A=t(X2)%*%X2

# 偏差積和行列の逆行列
inv_A=solve(A)

# 切片・傾きの信頼区間の計算
sigma0=sqrt(1/nrow(data)+sum((t(t(x_ave))%*%t(x_ave))*inv_A))*sigma_hat
sigma1=sqrt(diag(inv_A))[1]*sigma_hat
sigma2=sqrt(diag(inv_A))[2]*sigma_hat

print(paste0("切片の信頼区間は両側5%で",beta[1]-qt(1-0.05/2,df=nrow(data)-3)*sigma0," ~ ",beta[1]+qt(1-0.05/2,df=nrow(data)-3)*sigma0))
```

```
↘
print(paste0("偏回帰係数(x1)の信頼区間は両側5%で",beta[2]-qt(1-0.05/2,df=nrow(data)-
3)*sigma1," ~ ",beta[2]+qt(1-0.05/2,df=nrow(data)-3)*sigma1))
print(paste0("偏回帰係数(x2)の信頼区間は両側5%で",beta[3]-qt(1-0.05/2,df=nrow(data)-
3)*sigma2," ~ ",beta[3]+qt(1-0.05/2,df=nrow(data)-3)*sigma2))
```

※早川毅、『回帰分析の基礎』(オーム社)より

◆出力結果(リスト4-4)

○表4-7：出力結果

players	y	x1	x2	Y_hat（予測値）
掛布	0.084	0.1675	0.1302	0.077398307
岡田	0.0762	0.1259	0.0892	0.078223638
真弓	0.0684	0.1023	0.1046	0.070839143
杉浦	0.0847	0.16	0.1072	0.080717505
原	0.0771	0.1343	0.0952	0.078519874
クロマティ	0.0663	0.0648	0.1058	0.063832081
レオン	0.067	0.141	0.1666	0.065225171
衣笠	0.0583	0.0907	0.1604	0.057412684
山本	0.0628	0.1565	0.1439	0.072631598

○出力結果(推定された偏回帰係数)

```
> beta
            [,1]
[1,]  0.07363563  (切片)
[2,]  0.18035503  (x1に対応)
[3,] -0.20312439  (x2に対応)
```

○図4-5：目的変量の値と予測値

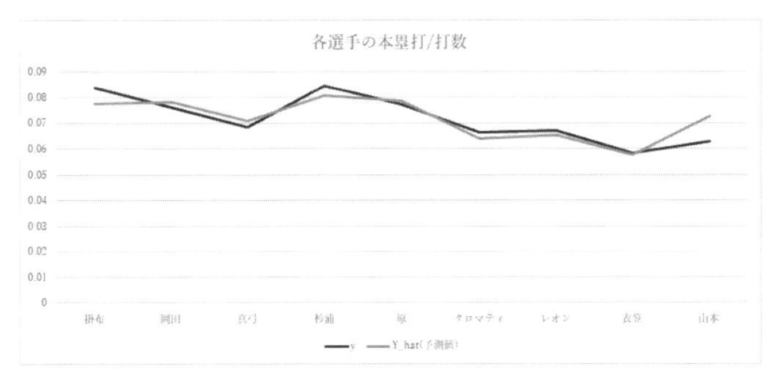

○出力結果（分散分析と重相関）

```
各値の出力：
> #残差変動
> Se=sum((Y_hat-y)^2)
> Se
[1] 0.0001781915
>
> #回帰変動
> Sr=sum((Y_hat-mean(Y_hat))^2)
> Sr
[1] 0.0005123908
>
> #全変動
> Syy=Se+Sr
> Syy
[1] 0.0006905822
>
> #寄与率
> R2=Sr/Syy
> R2
[1] 0.7419692
>
> #重相関係数
> R=sqrt(R2)
> R
[1] 0.8613764
>
```

○出力結果（偏回帰係数の信頼区間（両側5%）の出力）

```
[1] "切片の信頼区間は両側5%で0.048228806946226 ~ 0.0990424630428299"
[1] "偏回帰係数(x1)の信頼区間は両側5%で0.0435095701790457 ~ 0.317200485776405"
[1] "偏回帰係数(x2)の信頼区間は両側5%で-0.368742224872979 ~ -0.0375065502685157"
```

◆交通事故死傷者数の予測データ

リスト4-5で使用されているデータは昭和45年の各都道府県交通事故死傷者数を予測するためのデータです[注1]。

各特徴量について、yが交通事故死傷者数、x1が人口密度、x2が道路投資額、x3が道路改良率、x4がトラック・バス・乗用車登録台数となっています。

注1）河口至商、『多変量解析入門Ⅰ』（森北出版）

○リスト 4-5：list4-5.R

```
# 例2

library(dplyr)

data=data.frame(prefecture=c("Hokkaido","Aomori","Iwate","Miyagi","Akita","Yamagat
a","Fukushima","Ibaragi","Totigi","Gumma","Saitama","Tiba","Tokyo","Kanagawa","Nii
gata","Toyama","Ishikawa","Fukui","Yamanashi","Nagano","Gifu","Shizuoka","Aichi","
Mie","Shiga","Kyoto","Oosaka","Hyogo","Nara","Wakayama","Tottori","Shimane","Okaya
ma","Hiroshima","Yamaguchi","Tokushima","Kagawa","Ehime","Kouchi","Hukuoka","Saga"
,"Nagasaki","Kumamoto","Ooita","Miyazaki","Kagoshima"),x1
=c(6364,7135,7266,7186,6274,6497,6740,6687,6917,6725,7928,7403,13500,8537,7315,673
0,8875,7589,7249,6319,7673,7270,8149,6385,7049,10861,11548,9986,6728,7596,7324,616
6,5889,8170,5147,6997,6460,6657,7979,7301,6564,8866,6928,6983,6016,7688),x2=c(9054
7,12634,20101,15486,12471,12446,27026,19486,19919,16611,42768,37630,147481,55648,2
7569,11709,13660,11161,10092,22957,20135,36377,48255,19562,9889,16925,146758,75350
,16405,13007,8005,10334,22146,23029,15488,9905,7407,14795,12387,31172,8151,11117,1
4634,11504,11415,12546),x3=c(19.7,20,16.3,20.6,18.1,21.2,14.2,9.6,28.8,16.3,15.5,2
8.4,49.1,31.8,14.6,35.3,30.8,32.9,24.2,11.4,18.3,19.6,21.4,14.6,21.4,23.6,40.9,24.
8,10.7,16.8,26.6,10.2,11,16.3,23.3,10.8,21.9,16.2,11.8,17.7,24.7,17.5,18.5,20.9,25
.2,32.5),x4=c(640.9,128.2,113.8,171.7,97.4,134.4,166.5,225.1,187.5,212,337.3,319.4
,1584.3,559.2,234.3,121.4,120,93.5,93.2,238.1,255.1,419.1,825.1,160.5,91.8,233.6,8
07.5,404.6,85.8,111,44.1,52.9,156.6,256.1,126.8,71.4,81.5,108.1,72.7,367,70.6,89.6
,136.6,97.5,96.3,119.4),y=c(44523,10395,8669,12808,7640,7094,17556,20320,18715,167
55,34601,27811,88406,48030,18213,8839,12086,8871,8961,15280,17837,37421,50998,1480
9,12610,35478,75497,55464,7916,14259,6244,5400,19015,36771,13827,9372,11088,9960,8
516,51175,10384,10652,15987,10216,8460,12932))

Data=data %>% select(x1,x2,x3,x4,y)

Expect_and_sd_data=data.frame(value=c("mean","sd"),x1=c(mean(Data$x1),sd(Data$x1))
,x2=c(mean(Data$x2),sd(Data$x2)),x3=c(mean(Data$x3),sd(Data$x3)),x4=c(mean(Data$x4
),sd(Data$x4)),y=c(mean(Data$y),sd(Data$y)))

# 偏差積和行列
A=array(0,dim=c(ncol(Data),ncol(Data)))
for(i in 1:ncol(A)){
  for(j in 1:nrow(A)){
    A[i,j]=sum((Data[,i]-mean(Data[,i]))*(Data[,j]-mean(Data[,j])))
  }
}
inv_A=solve(A[1:(ncol(A)-1),1:(nrow(A)-1)])

# 相関行列
correlation=array(0,dim=c(ncol(Data),ncol(Data)))
for(i in 1:ncol(correlation)){
  for(j in 1:nrow(correlation)){
    correlation[i,j]=(sum((Data[,i]-mean(Data[,i]))*(Data[,j]-mean(Data[,j]))))/
((sum((Data[,i]-mean(Data[,i]))^2)*sum((Data[,j]-mean(Data[,j]))^2))^(1/2))
  }
}

# 偏差積和(y)
```

```
A_y=array(0,dim=c(1,ncol(Data)-1))
for(j in 1:ncol(A_y)){
  A_y[1,j]=sum((Data[,j]-mean(Data[,j]))*(Data[,ncol(Data)]-
mean(Data[,ncol(Data)])))
}

# 偏回帰係数
B=array(0,dim=c(1,(ncol(Data)-1)))
for(j in 1:length(B)){
  B[1,j]=sum(inv_A[j,]*A_y)
}

B0=mean(Data[,ncol(Data)])-sum(B*apply(Data[,1:(ncol(Data)-1)],2,mean))
B=cbind(B0,B)

# t値
ayy=A[ncol(A),nrow(A)]

RV=sum(A[1:(nrow(A)-1),ncol(A)]*B[1,2:length(B)])
EV=ayy-RV
V_e=EV/(nrow(Data)-(ncol(Data)-1)-1)
V_R=RV/(ncol(Data)-1)

t=array(0,dim=c(1,(ncol(Data)-1)))
for(j in 1:(length(t))){
  t[1,j]=abs(B[1,1+j])/((inv_A[j,j]*V_e)^(1/2))
}

# t0
element=array(0,dim=c((ncol(Data)-1),(ncol(Data)-1)))
for(j in 1:(ncol(Data)-1)){
  for(i in 1:(ncol(Data)-1)){
    element=mean(Data[,i])*mean(Data[,j])*inv_A[i,j]
  }
}

t0=abs(B0)/(((1/nrow(Data)+sum(element))*V_e)^(1/2))
t=cbind(t0,t)

# 偏回帰係数の検定
# 1：有意、0：有意でない
Hypothesis_B_data=data.frame(num=0:(length(B)-1),B_value=0,percent5=0,percent1=0)
Hypothesis_B_data$B_value=t(B)
for(j in 1:nrow(Hypothesis_B_data)){
  alpha=0.95
  if(qt(alpha,(nrow(Data)-(ncol(Data)-1)-1))<=t[1,j]){
    Hypothesis_B_data$percent5[j]=1
  }

  alpha=0.99
  if(qt(alpha,(nrow(Data)-(ncol(Data)-1)-1))<=t[1,j]){
    Hypothesis_B_data$percent1[j]=1
  }
}
```

○表4-8：使用したデータ

prefecture	x1	x2	x3	x4	y
Hokkaido	6364	90547	19.7	640.9	44523
Aomori	7135	12634	20	128.2	10395
Iwate	7266	20101	16.3	113.8	8669
Miyagi	7186	15486	20.6	171.7	12808
Akita	6274	12471	18.1	97.4	7640
Yamagata	6497	12446	21.2	134.4	7094
Fukushima	6740	27026	14.2	166.5	17556
Ibaragi	6687	19486	9.6	225.1	20320
Totigi	6917	19919	28.8	187.5	18715
Gumma	6725	16611	16.3	212	16755
Saitama	7928	42768	15.5	337.3	34601
Tiba	7403	37630	28.4	319.4	27811
Tokyo	13500	147481	49.1	1584.3	88406
Kanagawa	8537	55648	31.8	559.2	48030
Niigata	7315	27569	14.6	234.3	18213
Toyama	6730	11709	35.3	121.4	8839
Ishikawa	8875	13660	30.8	120	12086
Fukui	7589	11161	32.9	93.5	8871
Yamanashi	7249	10092	24.2	93.2	8961
Nagano	6319	22957	11.4	238.1	15280
Gifu	7673	20135	18.3	255.1	17837
Shizuoka	7270	36377	19.6	419.1	37421
Aichi	8149	48255	21.4	825.1	50998
Mie	6385	19562	14.6	160.5	14809
Shiga	7049	9889	21.4	91.8	12610
Kyoto	10861	16925	23.6	233.6	35478
Oosaka	11548	146758	40.9	807.5	75497
Hyogo	9986	75350	24.8	404.6	55464
Nara	6728	16405	10.7	85.8	7916
Wakayama	7596	13007	16.8	111	14259
Tottori	7324	8005	26.6	44.1	6244
Shimane	6166	10334	10.2	52.9	5400
Okayama	5889	22146	11	156.6	19015

Hiroshima	8170	23029	16.3	256.1	36771
Yamaguchi	5147	15488	23.3	126.8	13827
Tokushima	6997	9905	10.8	71.4	9372
Kagawa	6460	7407	21.9	81.5	11088
Ehime	6657	14795	16.2	108.1	9960
Kouchi	7979	12387	11.8	72.7	8516
Hukuoka	7301	31172	17.7	367	51175
Saga	6564	8151	24.7	70.6	10384
Nagasaki	8866	11117	17.5	89.6	10652
Kumamoto	6928	14634	18.5	136.6	15987
Ooita	6983	11504	20.9	97.5	10216
Miyazaki	6016	11415	25.2	96.3	8460
Kagoshima	7688	12546	32.5	119.4	12932

◆出力結果（リスト4-5）

○表4-9：各変量に対する平均値と標準偏差

value	x1	x2	x3	x4	y
mean	7469.913	27263.04	21.21739	241.7283	21692.63
sd	1506.825	30935.52	8.352599	272.8111	18843.48

○表4-10：偏差積和行列

偏差積和行列	x1	x2	x3	x4	y
x1	102173459.7	1473685982	340210.87	12939683.21	944724600.5
x2	1473685982	43065301556	6214759.47	343476767.1	23778714599
x3	340210.8696	6214759.465	3139.46609	54580.20739	3401968.296
x4	12939683.21	343476767.1	54580.2074	3349165.993	211450436.5
y	944724600.5	23778714599	3401968.3	211450436.5	15978450879

○表4-11：偏差積和逆行列

偏差積和逆行列	x1	x2	x3	x4
x1	2.32E-08	-3.36E-10	-1.24E-06	-3.49E-08
x2	-3.36E-10	1.35E-10	-1.78E-08	-1.23E-08
x3	-1.24E-06	-1.78E-08	0.000520633	-1.87E-06
x4	-3.49E-08	-1.23E-08	-1.87E-06	1.72E-06

○表4-12：相関係数

相関係数	x1	x2	x3	x4	y
x1	1	0.702542	0.600691	0.699498	0.739382
x2	0.702542	1	0.534482	0.90441	0.906478
x3	0.600691	0.534482	1	0.532279	0.480325
x4	0.699498	0.90441	0.532279	1	0.914056
y	0.739382	0.906478	0.480325	0.914056	1

○表4-13：偏回帰係数

偏回帰係数	切片	x1	x2	x3	x4
値	-5508.11	2.31348	0.24094	-218.624	33.05001

○出力結果（各値の出力）

```
> RV（回帰変動）
[1] 14159533655
>
> EV（誤差変動）
[1] 1818917223
>
> ayy（全変動）
[1] 15978450879
>
> Ve（不偏分散：誤差）
[1] 44363835
>
> VR（不偏分散：回帰）
[1] 3539883414
```

○表4-14：偏回帰係数の各t検定統計量

検定統計量	切片	x1	x2	x3	x4
t統計量	2.363316	2.281201	3.110578	1.438528	3.779745

第5章

一般化線形モデル

重回帰分析の場合は、従う分布が正規分布の回帰モデルでした。しかし、一般的に正規分布に従うという場合ばかりではなく、さまざまな分布に従う場合があります。そういった場合を総じて一般化線形モデルといいます。

本章ではニュートンラフソン法のヘッシアンおよびヘッセ行列の代わりにフィッシャー情報量行列に置き換えることによって、フィッシャー・スコア法という新しい反復法を紹介します。この方法によって解ける一般化線形モデルをいくつか説明していきます。

5-1　指数分布族

Yの確率密度関数$f(y)$が指数分布族であるというのは、$f(y)$に対して、

$$f(y:\theta) = \exp\left(\frac{\theta y - b(\theta)}{a(\gamma)} + c(y,\gamma)\right)$$

となることを表します。ただし、$a(\gamma)$、$b(\theta)$、$c(y,\gamma)$は特定の関数で、θは位置パラメータ、γは散らばりを示すパラメータを表します。この一般化として、

$$f(y) = \exp\left(A(\theta)B(y) + C(y) + D(\theta)\right)$$

という形で表すこともあります。また、この式に対して$B(y)$の期待値と分散が次の式で計算されます。

$$E[B(y)] = -\frac{D'(\theta)}{A'(\theta)}$$

$$V[B(y)] = \frac{A''(\theta)D'(\theta) - D''(\theta)A'(\theta)}{(A'(\theta))^3}$$

証明に関しては、

$$\frac{d}{d\theta}\int_{-\infty}^{\infty} f(y)\,dy = 0$$

$$\frac{d^2}{d\theta^2}\int_{-\infty}^{\infty} f(y)\,dy = 0$$

から、$E[Y] = b'(\theta) = \mu$、$V[Y] = a(\gamma)b''(\theta)$が得られ、さらに

$$\frac{df(y)}{d\theta} = [A'(\theta)B(y) + D'(\theta)]f(y) = 0$$

$$\int_{-\infty}^{\infty}[A'(\theta)B(y) + D'(\theta)]f(y)dy = 0$$

となって、

$$A'(\theta)B(y) + D'(\theta) = 0$$

に等しくなるので$E[B(y)]$の式が導出されます。

また、

$$\frac{d^2 f(y)}{d\theta^2} = [A''(\theta)B(y) + D''(\theta)]f(y) + [A'(\theta)B(y) + D'(\theta)]^2 f(y)$$

となるので、ここに$D'(\theta) = -A'(\theta)E[B(y)]$を代入して、

$$\frac{d^2}{d\theta^2}\int_{-\infty}^{\infty} f(y)\,dy = 0$$

を用いると、次の式が得られます。

$$A''(\theta)B(y) + D''(\theta) + [A'(\theta)]^2 V[B(y)] = 0$$

この式より、$V[B(y)]$の式が導出されます。

5-2　連結関数(link function)

$\mathrm{u} = \beta' x$に対してYの分布P_θのパラメータθを定める関数$g\,(u)$に対し、その逆関数g^{-1}のことをリンク関数といいます。

◆例1：ポアソン回帰

各指数分布族の両式において、第一式の場合は$\theta = \log(\mu)$、$b(\theta) = \mu$、$a(\gamma) = 1$、$c(y,\gamma) = -\log(y!)$です。

一般化された第二式では$A(\theta) = \log(\mu)$、$B(y) = y$、$C(y) = -\log(y!)$、$D(\theta) = -\mu$となります。リンク関数は$g^{-1}(\mu) = \log(\mu) = \beta' x$、また、$E[B(y)] = \mu$、$V[B(y)] = \mu$となります。$E[Y_i] = b'(\theta_i) = \exp(\beta' x_i) = \mu_i$、$V[Y_i] = \mu_i$です。

◆例2：正規回帰モデル

各指数分布族の両式において、第一式の場合は$\theta = \mu$、$b(\theta) = \frac{\mu^2}{2}$、$a(\gamma) = \sigma^2$、

$c(y,\gamma) = -\frac{1}{2}[\frac{y^2}{\sigma^2} + \log(2\pi\sigma^2)]$ です。

一般化された第二式では$A(\theta)=\frac{\mu}{\sigma^2}$、$B(y)=y$、$C(y)=-\frac{\mu}{2\sigma^2}$、

$D(\theta)=-\frac{\mu^2}{2\sigma^2}-\frac{1}{2}\log(2\pi\sigma^2)$となります。また、$E[B(y)]=\mu$、$V[B(y)]=\sigma^2$となります。リンク関数は$g^{-1}(\mu)=\mu$で$E[Y]=b'(\theta)=\mu$、$V[Y]=\sigma^2$です。

正規分布を次のように書き直すとわかりやすくなります。

- **第一式**

$$f(y)=\frac{1}{\sqrt{2\pi\sigma^2}}e^{-\frac{(y-\mu)^2}{2\sigma^2}}=\exp\left[\frac{y\mu-\frac{\mu^2}{2}}{\sigma^2}-\frac{1}{2}\left(\frac{y^2}{\sigma^2}+\log(2\pi\sigma^2)\right)\right]$$

- **第二式（一般化）**

$$f(y)=\frac{1}{\sqrt{2\pi\sigma^2}}e^{-\frac{(y-\mu)^2}{2\sigma^2}}=\exp\left[\frac{\mu}{\sigma^2}y-\frac{y^2}{2\sigma^2}-\frac{\mu^2}{2\sigma^2}-\frac{1}{2}\log(2\pi\sigma^2)\right]$$

5-3　フィッシャー・スコア法

$Y_i, i=1,2,\dots,n$は独立、かつ、Y_iの密度関数は指数分布族

$$f(y_i)=\exp\left(\frac{\theta_i y_i-b(\theta_i)}{a(\gamma)}+c(y_i,\gamma)\right)\qquad i=1,2,\dots,n$$

とします。観測値$y_i\ \ i=1,2,\dots,n$に対する対数尤度関数は

$$\log(L)=\sum_{i=1}^{n}\left(\frac{\theta_i y_i-b(\theta_i)}{a(\gamma)}+c(y_i,\gamma)\right)$$

$$l_i=\frac{\theta_i y_i-b(\theta_i)}{a(\gamma)}+c(y_i,\gamma)\qquad i=1,2,\dots,n$$

となります。各パラメータ$\beta_j, j=1,2,\dots,k$の最尤推定量は

$$\frac{\partial L}{\partial \beta_j} = \sum_{i=1}^{n} \frac{\partial l_i}{\partial \beta_j} = 0 \quad j = 1,2, \dots \ , k$$

より与えられます。計算するため、

$$\frac{\partial l_i}{\partial \beta_j} = \frac{\partial l_i}{\partial \theta_i}\frac{\partial \theta_i}{\partial \mu_i}\frac{\partial \mu_i}{\partial \eta_i}\frac{\partial \eta_i}{\partial \beta_j}$$

に対して、$\mu_i = g^{-1}(x_i'\beta)$、$\eta_i = g(\mu_i) = x_i'\beta$（ただし、$\beta$ は $\beta_j, j = 1,2, \dots \ , k$ を要素として持つ列ベクトル）なので、次の結果が得られます。

$$\frac{\partial l_i}{\partial \theta_i} = \frac{y_i - b'(\theta_i)}{a(\gamma)} = \frac{y_i - \mu_i}{a(\gamma)}$$

$$\frac{\partial \theta_i}{\partial \mu_i} = \frac{1}{b''(\theta_i)}$$

$$\frac{\partial \mu_i}{\partial \eta_i} = \frac{1}{g'(\mu_i)}$$

$$\frac{\partial \eta_i}{\partial \beta_j} = x_{ji}$$

これを書き直すと、

$$\frac{\partial l_i}{\partial \beta_j} = \frac{y_i - \mu_i}{V[Y_i]}\frac{x_{ji}}{g'(\mu_i)}$$

$$\frac{\partial L}{\partial \beta_j} = \sum_{i=1}^{n} \frac{y_i - \mu_i}{V[Y_i]}\frac{x_{ji}}{g'(\mu_i)} = 0 \quad j = 1,2, \dots \ , k$$

次に、β の最尤推定量の漸近的分散共分散行列を計算するため、対数尤度関数の2次偏導関数を計算します。

$$\frac{\partial^2 l_i}{\partial \beta_h \partial \beta_j} = \frac{\partial}{\partial \beta_h}(y_i - \mu_i)\frac{x_{ji}}{g'(\mu_i)V[Y_i]} + (y_i - \mu_i)x_{ji}\frac{\partial}{\partial \beta_h}(\frac{1}{g'(\mu_i)V[Y_i]})$$

$$\frac{\partial}{\partial \beta_h}(y_i - \mu_i) = -\frac{\partial \mu_i}{\partial \eta_i}\frac{\partial \eta_i}{\partial \beta_h} = -\frac{x_{hi}}{g'(\mu_i)}$$

つまり、

$$\frac{\partial^2 l_i}{\partial\beta_h\partial\beta_j} = (y_i - \mu_i)x_{ji}\frac{\partial}{\partial\beta_h}\left(\frac{1}{g'(\mu_i)V[Y_i]}\right) - \frac{x_{ji}x_{hi}}{V[Y_i](g'(\mu_i))^2}$$

となります。

平均値を計算すると、対数尤度関数も合わせてそれぞれ、

$$-E\left[\frac{\partial^2 l_i}{\partial\beta_h\partial\beta_j}\right] = \frac{x_{ji}x_{hi}}{V[Y_i](g'(\mu_i))^2} = \frac{x_{ji}x_{hi}}{w_i}$$

$$-E\left[\frac{\partial^2 L}{\partial\beta_h\partial\beta_j}\right] = \sum_{i=1}^{n}\frac{x_{ji}x_{hi}}{w_i}$$

ただし、$w_i = V[Y_i](g'(\mu_i))^2$と置きました。これらを行列表現にすると、

$$I(\beta) = -E\left[\frac{\partial^2 L}{\partial\beta\partial\beta'}\right] = X'W^{-1}X \qquad \text{（フィッシャー情報行列）}$$

$$\frac{\partial L}{\partial\beta} = X'W^{-1}D(y-\mu)$$

となります。それぞれの記号は次のように置きました。

$$D = \begin{bmatrix} g'(\mu_1) & \cdots & 0 \\ \vdots & \ddots & \vdots \\ 0 & \cdots & g'(\mu_n) \end{bmatrix},\ W = \begin{bmatrix} w_1 & \cdots & 0 \\ \vdots & \ddots & \vdots \\ 0 & \cdots & w_n \end{bmatrix}$$

$$y = \begin{bmatrix} y_1 \\ y_2 \\ \cdots \\ y_n \end{bmatrix},\quad \mu = \begin{bmatrix} \mu_1 \\ \mu_2 \\ \cdots \\ \mu_n \end{bmatrix}$$

対数尤度関数$L(\beta)$を$l(\beta)$としてαでテイラー展開して、2次の項までを示すと、

$$l(\beta) = l(\alpha) + \left(\frac{\partial l(\beta)}{\partial\beta}|_{\beta=\alpha}\right)(\beta-\alpha) + \frac{1}{2}(\beta-\alpha)'H(\beta-\alpha)$$

$$H = \left\{\frac{\partial^2 l(\beta)}{\partial\beta_h\partial\beta_j}|_{\beta_j=\alpha_j,\beta_h=\alpha_h}\right\} \qquad \text{（ヘッセ行列、ヘッシアン）}$$

$\hat{\beta}$は、

$$\frac{\partial l(\beta)}{\partial \beta}=0$$

の解になるので、$g_\alpha = \frac{\partial l(\beta)}{\partial \beta}|_{\beta=\alpha}$ とすると、

$$\frac{\partial l(\beta)}{\partial \beta}=g_\alpha + H(\beta-\alpha)=0$$

$$\beta = \alpha - H^{-1}g_\alpha \qquad \text{(ニュートンラフソン法)}$$

フィッシャー・スコア法の場合、H(ヘッセ行列)をその期待値にあたる、

$$-I(\beta)= E\left[\frac{\partial^2 L}{\partial\beta\partial\beta'}\right]$$

で置き換えて計算します。反復計算の式としては次のようになります。

$$\beta_{s+1}=\beta_s+[(X'W^{-1}X)^{-1}X'W^{-1}D(y-\mu)]_{\beta=\beta_s}$$

◆例1：対数尤度が2項分布に従う場合～ロジット変換(2項回帰モデル)

Y_i が2つのパラメータ n_i、$p_i(i=1,2,\dots,N)$ の2項分布に従うとします。この時、確率密度関数は、

$$f(y_i)=\binom{n_i}{y_i}{p_i}^{y_i}(1-p_i)^{n_i-y_i}=\exp\left(y_i\log\left(\frac{p_i}{1-p_i}\right)+n_i\log(1-p_i)+\log\left(\binom{n_i}{y_i}\right)\right)$$

と表せられるので、2項分布も指数分布族になります。

$$\theta_i=\log\left(\frac{p_i}{1-p_i}\right)、\ b(\theta_i)=-n_i\log(1-p_i)、\ a(\gamma)=1、\ c(y_i,\gamma)=\log\left(\binom{n_i}{y_i}\right)$$

これらにより、

$$p_i=\frac{e^{\theta_i}}{1+e^{\theta_i}}、\ b(\theta_i)=n_i\log\left(1+e^{\theta_i}\right)、\ \mu_i=n_ip_i、\ V[Y_i]=n_ip_i(1-p_i)$$

となるので、$\boldsymbol{p}=(p_1,p_2,\dots,p_N)$、$\mathbf{y}=(y_1,y_2,\dots,y_N)$ の2項分布の対数尤度は、

$$\log\left(L(\boldsymbol{p},\boldsymbol{y})\right) = \sum_{i=1}^{N} y_i \log\left(\frac{p_i}{1-p_i}\right) + n_i \log(1-p_i) + \log\left(\binom{n_i}{y_i}\right)$$

p_iの最尤推定量を$\widehat{p_i}$とすれば、$\widehat{\mu_i} = n_i\widehat{p_i}$なので、

$$\log\left(L(\widehat{\boldsymbol{\mu}},\boldsymbol{y})\right) = \sum_{i=1}^{N} y_i \log\left(\frac{\widehat{\mu_i}}{n_i-\widehat{\mu_i}}\right) + n_i \log\left(1-\frac{\widehat{\mu_i}}{n_i}\right) + \log\left(\binom{n_i}{y_i}\right)$$

$$\log\left(L(\boldsymbol{y},\boldsymbol{y})\right) = \sum_{i=1}^{N} y_i \log\left(\frac{y_i}{n_i-y_i}\right) + n_i \log\left(1-\frac{y_i}{n_i}\right) + \log\left(\binom{n_i}{y_i}\right)$$

尤離度$D(\boldsymbol{\alpha},\boldsymbol{\beta}) = \log\left(L(\boldsymbol{\alpha},\boldsymbol{y})\right) - \log\left(L(\boldsymbol{\beta},\boldsymbol{y})\right)$をもって計算すると、

$$D(\boldsymbol{y},\widehat{\boldsymbol{\mu}}) = \log\left(L(\boldsymbol{y},\boldsymbol{y})\right) - \log\left(L(\widehat{\boldsymbol{\mu}},\boldsymbol{y})\right) = 2\sum_{i=1}^{N} y_i \log\left(\frac{y_i}{\widehat{\mu_i}}\right) + (n_i - y_i)\log\left(\frac{n_i-y_i}{n_i-\widehat{\mu_i}}\right)$$

$$D(\boldsymbol{y},\bar{y}) = \log\left(L(\boldsymbol{y},\boldsymbol{y})\right) - \log\left(L(\bar{y},\boldsymbol{y})\right) = 2\sum_{i=1}^{N} y_i \log\left(\frac{y_i}{\bar{y}}\right) + (n_i - y_i)\log\left(\frac{n_i-y_i}{n_i-\bar{y}}\right)$$

これらによって尤離度決定係数

$$R_{dev}^2 = 1 - \frac{D(\boldsymbol{y},\widehat{\boldsymbol{\mu}})}{D(\boldsymbol{y},\bar{y})}$$

が計算できます。$D(\boldsymbol{y},\widehat{\boldsymbol{\mu}})$は残差の部分、$D(\boldsymbol{y},\bar{y})$は回帰による部分を表しています。

また、連結関数に関して2項回帰モデルに関しては、ロジット変換

$$g(\mu_i) = \log\left(\frac{p_i}{1-p_i}\right) = \log\left(\frac{\mu_i}{n_i-\mu_i}\right) = \beta' x_i$$

となります。

各当てはまり具合を確認するために尤離度・残差を列挙すると、

- **尤離度**

$$d_i = 2(y_i \log\left(\frac{y_i}{\widehat{\mu_i}}\right) + (n_i - y_i)\log\left(\frac{n_i - y_i}{n_i - \widehat{\mu_i}}\right))$$

- **ピアソン残差**

$$r_{p_i} = \frac{y_i - \widehat{\mu_i}}{\sqrt{n_i \widehat{p_i}(1 - \widehat{p_i})}}$$

- **尤離度残差**

$$r_{d_i} = sign(y_i - \widehat{\mu_i})\sqrt{d_i}$$

- **標準尤離度残差**

$$\frac{r_{di}}{\sqrt{1 - h_{ii}^*}}$$

- **標準ピアソン残差**

$$\frac{r_{p_i}}{\sqrt{1 - h_{ii}^*}}$$

また、h_{ii}^* $i = 1,2, \ldots ,N$ は、

$$H^* = X^*(X^{*\prime} X^*)^{-1} X^{*\prime}$$

の対角成分の値を表し、X^*は

$$X^* = W^{-\frac{1}{2}}X$$

です。

リスト5-1（126ページ）では精神医学実験が行われたデータについて、適用されています。

◆ データの説明（リスト5-1）

リスト5-1のデータは54人の高齢者に対して精神医学実験が行われた際のデータになります注1。

各特徴量は次のとおりです。

注1） 蓑谷千凰彦、『一般化線形モデルと生存時間解析』（朝倉書店）

- WAIS　：ウェクスラー成人知能検査の値
- n　：各ウェクスラー成人知能検査値を持つ人数
- Y　：各ウェクスラー成人知能検査値を持つ人の中で認知症の徴候がある人数
- predict：予測値(確率)
- mu　：予測値(期待度数)

ウェクスラー成人知能検査とは、ルーマニア生まれのウェクスラー(1896－1981)という心理学者が考案したものです。このデータでは、この試験と認知症との関係を調べています。

◆出力結果(リスト5-1)

先に出力結果から見ていきます。

○表5-1：データと予測値(predict、mu)

WAIS	n	Y	p	predict	mu
4	2	1	0.5	0.752115	1.504229
5	1	1	1	0.687056	0.687056
6	2	1	0.5	0.613693	1.227385
7	3	2	0.666667	0.534776	1.604329
8	2	2	1	0.45408	0.90816
9	6	2	0.333333	0.375726	2.254355
10	6	1	0.166667	0.303379	1.820272
11	6	1	0.166667	0.239615	1.437691
12	2	0	0	0.185681	0.371362
13	6	1	0.166667	0.141626	0.849755
14	7	2	0.285714	0.106654	0.746579
15	3	0	0	0.079518	0.238554
16	4	0	0	0.058832	0.235326
17	1	0	0	0.043274	0.043274
18	1	0	0	0.031691	0.031691
19	1	0	0	0.023134	0.023134
20	1	0	0	0.016847	0.016847

○出力結果（尤離度決定係数）

```
> R_dev(尤離度決定係数)
[1] 0.6737895
```

○図5-1：予測値との比較（確率）

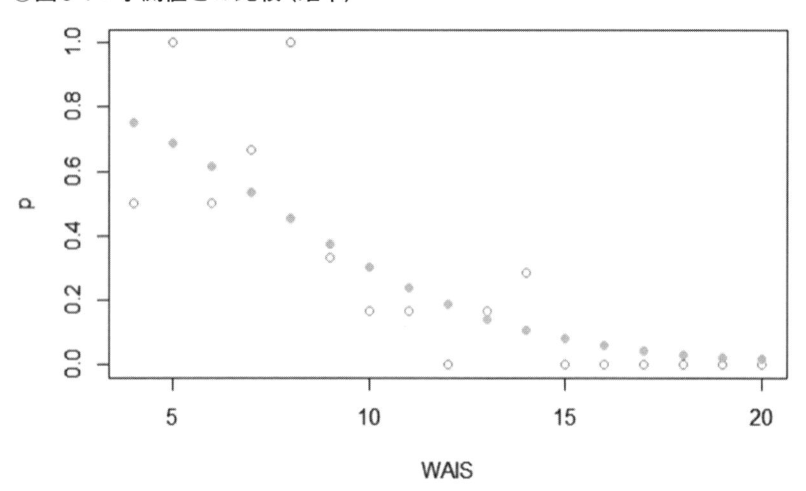

○表5-2：尤離度残差・ピアソン残差・尤離度

尤離度	ピアソン残差	尤離度残差	標準ピアソン残差	標準尤離度残差
0.586722	-0.825743842	-0.765977484	-0.934643881	-0.866995467
0.750679	0.674896661	0.866417364	0.709745907	0.911156053
0.106177	-0.33022162	-0.325848685	-0.359392615	-0.354633386
0.215015	0.457990372	0.463697597	0.504905105	0.511196956
3.157929	1.55064888	1.777056306	1.621467723	1.858215278
0.046737	-0.214407963	-0.216187968	-0.237867862	-0.23984263
0.593945	-0.72843562	-0.770678275	-0.791188485	-0.837070236
0.190013	-0.418617806	-0.435905366	-0.452832459	-0.471532972
0.821613	-0.675307545	-0.906428664	-0.693571443	-0.930943303
0.029551	0.175920044	0.171903279	0.193406516	0.188990484
1.704695	1.534790486	1.305639847	1.736074466	1.476871287
0.497148	-0.509080004	-0.705087045	-0.535893564	-0.742224417
0.485066	-0.500036465	-0.696466523	-0.536105905	-0.746705173
0.088476	-0.212675739	-0.297448768	-0.216083694	-0.302215141
0.064409	-0.180910685	-0.25378928	-0.183608631	-0.257574075
0.046812	-0.153890031	-0.216361133	-0.155968254	-0.219283003
0.033982	-0.130905157	-0.184342032	-0.132470169	-0.186545898

○リスト5-1：list5-1.R

```
# ウェクスラー成人知能尺度と認知症

library(dplyr)

# データ
data=data.frame(WAIS=c(4:20),n=c(2,1,2,3,2,6,6,6,2,6,7,3,4,1,1,1,1),Y
=c(1,1,1,2,2,2,1,1,0,1,2,0,0,0,0,0,0)) %>% mutate(p=Y/n)

# 特徴量行列
X=as.matrix(cbind(rep(1,nrow(data)),data[,colnames(data) %in% c("WAIS")]))

# 各変数
pis=data$p;n=data$n;y=data$Y

# 回帰係数の初期値
alpha=0.05;beta=0.05

# 反復計算回数
ite=100

# 回帰係数の更新歴の保存データ
alpha_beta_data=data.frame(ite=1:ite,alpha=0,beta=0)

for(j in 1:ite){
  # 予測確率
  p=1/(1+exp(-(X%*%c(alpha,beta))))

  # Wの逆行列
  V=array(0,dim=c(nrow(data),nrow(data)))
  diag(V)=c(n*p*(1-p))

  # 回帰係数の更新
  mat=solve(t(X)%*%V%*%(X))%*%t(X)%*%(y-n*p)
  alpha=alpha+mat[1];beta=beta+mat[2]
  print(alpha);print(beta)
  alpha_beta_data$alpha[j]=alpha
  alpha_beta_data$beta[j]=beta
}

# 予測確率の保存
data=data %>% dplyr::mutate(predict=1/(1+exp(-(X%*%c(alpha,beta)))))

# 予測値の保存
data=data%>%dplyr::mutate(mu=n*predict)

# 目的変量との比較(plot)
plot(data$WAIS,data$p,type="p",col=2,xlim=c(min(data$WAIS),max(data$WAIS)),ylim=c(
min(data$p),max(data$p)),xlab="WAIS",ylab="p",pch=1)

par(new=T)

plot(data$WAIS,data$predict,type="p",col=3,xlim=c(min(data$WAIS),max(data$WAIS)),y
lim=c(min(data$p),max(data$p)),xlab="WAIS",ylab="p",pch=16)
```

```
↘
mu=data$mu

# 残差にあたる部分（尤離度）
D_y_mu1=y*log(y/mu);D_y_mu2=(n-y)*log((n-y)/(n-mu))
D_y_mu1[is.nan(D_y_mu1)>0]=0;D_y_mu2[is.nan(D_y_mu2)>0]=0
D_y_mu=2*D_y_mu1+2*D_y_mu2

# 回帰にあたる部分（尤離度）
D_y_y1=y*log(y/mean(y));D_y_y2=(n-y)*log((n-y)/(n-mean(y)))
D_y_y1[is.nan(D_y_y1)>0]=0;D_y_y2[is.nan(D_y_y2)>0]=0
D_y_y=2*D_y_y1+2*D_y_y2

sj=sqrt(diag(solve(t(X)%*%V%*%(X))))
V2=V;diag(V2)=sqrt(diag(V2))
Xs=V2%*%X
Hs=Xs%*%solve(t(Xs)%*%Xs)%*%t(Xs)

# 尤離度決定係数
R_dev=1-sum(D_y_mu)/sum(D_y_y)

# H0：回帰係数=0の統計量
Z=c(alpha,beta)/sj

# 尤離度
d=D_y_mu

# ピアソン残差
r_pi=(y-mu)/sqrt(n*p*(1-p))

# 尤離度残差
r_di=sign(y-mu)*sqrt(d)

# 標準ピアソン残差
r_pi/sqrt(1-diag(Hs))

# 標準尤離度残差
r_di/sqrt(1-diag(Hs))
```

◆例2：ポアソン回帰モデル

$Y_i\ i=1,2,\dots\ ,N$を独立な確率変数でポアソン分布に従うとします。すなわち、

$$f(Y_i)=\frac{e^{-\mu_i}\mu_i^{y_i}}{y_i!}$$

とします。

また、対数連結$\log(\mu_i)=\boldsymbol{x}_i'\boldsymbol{\beta}$でかつ、$E(Y_i)=\mu_i$です。対数尤度

$$\log\left(L(\boldsymbol{\mu}, \boldsymbol{y})\right) = \sum_{i=1}^{N} (y_i \log(\mu_i) - \mu_i - \log(y_i!))$$

$$\log\left(L(\boldsymbol{y}, \boldsymbol{y})\right) = \sum_{i=1}^{N} (y_i \log(y_i) - y_i - \log(y_i!))$$

をもとに、尤離度は、

$$D(\boldsymbol{y}, \widehat{\boldsymbol{\mu}}) = 2\left(\log\left(L(\boldsymbol{y}, \boldsymbol{y})\right) - \log\left(L(\widehat{\boldsymbol{\mu}}, \boldsymbol{y})\right)\right) = 2\sum_{i=1}^{N} \left(y_i \log\left(\frac{y_i}{\widehat{\mu_i}}\right) - (y_i - \widehat{\mu_i})\right)$$

ただし、

$$\widehat{\boldsymbol{\mu}} = e^{\boldsymbol{x}_i' \widehat{\boldsymbol{\beta}}}$$

です。

残差に関しては、

- **ピアソン残差**

$$r_{p_i} = \frac{y_i - \widehat{\mu_i}}{\sqrt{\widehat{\mu_i}}}$$

- **尤離度残差**

$$r_{d_i} = sign(y_i - \widehat{\mu_i})\sqrt{d_i}$$

- **標準尤離度残差**

$$\frac{r_{d_i}}{\sqrt{1 - h_{ii}^*}}$$

- **標準ピアソン残差**

$$\frac{r_{p_i}}{\sqrt{1 - h_{ii}^*}}$$

ただし、

$$d_i = y_i \log\left(\frac{y_i}{\widehat{\mu_i}}\right) - (y_i - \widehat{\mu_i})$$

h^*_{ii}は前述したとおりです。

◆データ説明

リスト5-2のデータはDobson and Barnett(2008)による、男性医師に煙草を吸うかどうかを聞き、10年後、冠状動脈性疾患による死者数を調査したものです。

○リスト5-2：list5-2.R

```
# 冠状動脈性心疾患による死亡者数

# 最小二乗法

# 死亡者数
DEATH=c(32,104,206,186,102,2,12,28,28,31)

# 観測者数
PERSON=c(52407,43248,28612,12663,5317,18790,10673,5710,2585,1462)

MR=100000*DEATH/PERSON

# 年齢階層(0：35歳未満、1：35～44歳、2：45～54歳、
#           3：55～64歳、4：65～74歳、5：75～84歳)
X3=c(1:5,1:5)
X4=X3^2

# 喫煙X3、非喫煙0
X5=c(1:5,rep(0,5))

# 喫煙1、非喫煙0
X2=c(rep(1,5),rep(0,5))

# 特徴量行列
X=cbind(X2,X3,X4,X5)

# 最小二乗法
beta=solve(t(X)%*%X)%*%t(X)%*%log(MR)

# 予測値
pre_MR=exp(X%*%beta)

# 予測値(MR)
plot(c(1:length(MR)),MR,xlab="num",ylab="values",ylim=c(min(c(MR,pre_
MR)),max(c(MR,pre_MR))),col=2,pch=19)

par(new=T)

plot(c(1:length(MR)),MR,xlab="num",ylab="values",ylim=c(min(c(MR,pre_
MR)),max(c(MR,pre_MR))),col=3,pch=1)
```

```
↘
# 喫煙者
exp(sum(beta))

# 非喫煙者
exp(sum(beta*c(0,1,1,0)))

# ポアソン回帰:

# 死亡者数
Y=DEATH

# 特徴量行列
X=cbind(rep(1,length(X2)),X)

# 反復計算回数
times=1000

# 回帰係数の計算履歴を保存するデータを作成
beta <- matrix(0, ncol = ncol(X), nrow = times)

# 初期値
beta[1, ] <- rep(1,ncol(X))

for(m in 2:times){
  lambda <- exp(X %*% beta[m - 1, ])
  W <- diag(lambda[, 1])
  XtWX <- t(X) %*% W %*% X
  D=diag(1/lambda[,1])
  U <- t(X)%*%W%*%D%*%(Y-lambda[,1])
  beta[m, ] <- beta[m - 1, ] + solve(XtWX) %*% (U)
}

# 回帰係数
params1=beta[nrow(beta),]

# 予測値
predict1=exp(X%*%params1)

# 実測値のプロット
plot(c(1:length(Y)),(Y),type="p",col=2,xlab="num",ylab="values",ylim=c(min((Y)),ma
x((Y))),pch=19)

par(new=T)

# 予測値のプロット
plot(c(1:length(Y)),predict1,type="p",col=3,xlab="num",ylab="values",ylim=c(min((Y
)),max((Y))),pch=1)

# H：回帰係数=0の統計量
Z=params1/sqrt(diag(solve(t(X)%*%W%*%X)))

X_star=sqrt(W)%*%X
H_star=X_star%*%solve(t(X_star)%*%X_star)%*%t(X_star)
d=(Y*log(Y/predict1)-(Y-predict1))
L_y_y=(Y*log(Y/mean(Y))-(Y-mean(Y)))

# 尤離度決定係数
R2_dev=1-sum(d)/sum(L_y_y)
                                                                               ↘
```

```
↘
# ピアソン残差
r_pi=(Y-predict1)/sqrt(predict1)

# 標準ピアソン残差
S_pi=r_pi/sqrt(1-diag(H_star))

# 尤離度残差
r_di=sign(Y-predict1)*sqrt(d)

# 標準尤離度残差
S_di=r_di/sqrt(1-diag(H_star))

# 結果まとめ
res=data.frame(Y=Y,Y_hat=predict1,r_pi=r_pi,r_di=r_di,S_pi=S_pi,S_di=S_di)
```

◆特徴量

リスト5-2の特徴量は次のとおりです(表5-3)。

- X2：喫煙者と非喫煙者を判別するカラム
- X3：年齢階層(0：35歳未満、1：35〜44歳、2：45〜54歳、3：55〜64歳、4：65〜74歳、5：75〜84歳)
- X4：X3の2乗値
- X5：喫煙者X3の値、非喫煙者0の値

◯表5-3：特徴量行列

X2	X3	X4	X5
1	1	1	1
1	2	4	2
1	3	9	3
1	4	16	4
1	5	25	5
0	1	1	0
0	2	4	0
0	3	9	0
0	4	16	0
0	5	25	0

◆出力結果（リスト5-2：最小２乗法の場合）

目的変量は「MR=100000*DEATH/PERSON」（10万人当たりの死亡者数）の対数としました。

PERSONは調査時の延べ観測者数、DEATHは死亡者数で、predictは予測値になります。すなわち、log(MR)を目的変量として、特徴量行列をもとに重回帰した結果になります。

○表5-4：予測値

MR	DEATH	PERSON	predict
61.06055	32	52407	53.38727
240.4735	104	43248	264.5131
719.9776	206	28612	805.6271
1468.846	186	12663	1508.336
1918.375	102	5317	1735.96
10.64396	2	18790	12.29432
112.4332	12	10673	92.91511
490.3678	28	5710	431.6637
1083.172	28	2585	1232.77
2120.383	31	1462	2164.192

○出力結果（偏回帰係数）

```
> > #喫煙者（予測された死亡者数）
> exp(sum(beta))
[1] 53.38727
>
> #非喫煙者（予測された死亡者数）
> exp(sum(beta*c(0,1,1,0)))
[1] 12.29432

> beta（各回帰係数）
          [,1]
X2  1.8906653
X3  2.7524317
X4 -0.2432942
X5 -0.4222304
```

○出力結果（重相関）

```
> cor(pre_MR,MR)--重相関
             [,1]
[1,] 0.9936691
```

○図5-2：予測値（○）と目的変量（●、MR）のプロット

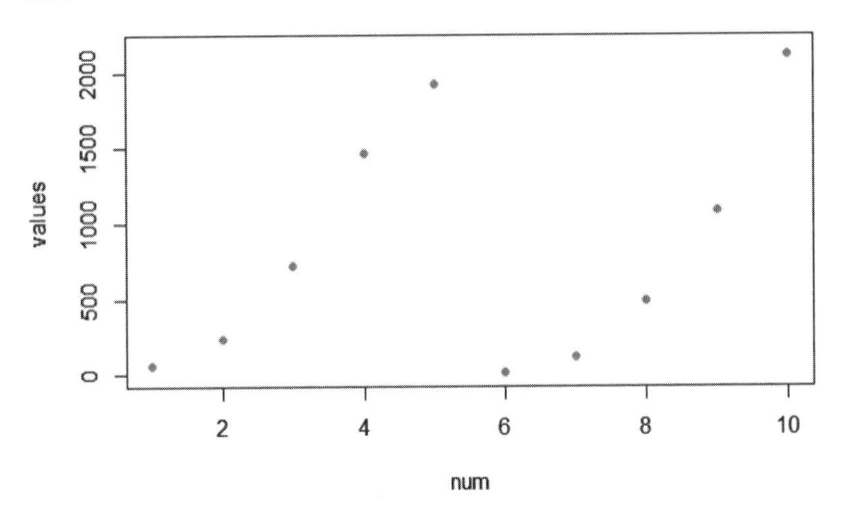

◆出力結果（リスト5-2：ポアソン回帰の場合）

log(MR)は目的変量、特徴量行列は同様です。

○出力結果（回帰係数）

```
切片      X2        X3        X4        X5
-1.35307            3.016018  2.457922  -0.30635  -0.33424
```

○表5-5：残差・目的変量（DEATH）・予測値

DEATH	予測値	ピアソン残差	尤離度残差	標準ピアソン残差	標準尤離度残差
32	32.46877	-0.082267168	-0.058312497	-0.134887146	-0.095610516
104	108.3004	-0.413228628	-0.294163227	-0.551936364	-0.392904486
206	195.7495	0.732644933	0.513632711	1.084355255	0.760204983
186	191.7248	-0.413446231	-0.293823938	-0.565668485	-0.402003766
102	101.7566	0.02413231	0.017057323	0.055229284	0.039037446
2	2.222203	-0.149059048	-0.107234716	-0.168678252	-0.121348987
12	10.35394	0.511555785	0.352724261	0.661551714	0.456148374
28	26.14172	0.363449128	0.254039365	0.471550619	0.329598864
28	35.76593	-1.298549417	-0.954868519	-1.67278852	-1.230059538
31	26.51621	0.870742057	0.599474556	1.563048969	1.07610294

○出力結果（尤離度決定係数）

```
> R2_dev（尤離度決定係数）
[1] 0.9940647
```

○出力結果（帰無仮説（β =0）の検定統計量）

```
切片    X2          X3         X4         X5
-2.81896            7.562547   11.50836   -11.1853   -3.20668
```

○図5-3：予測値（○）と目的変量（●、DEATH）のプロット

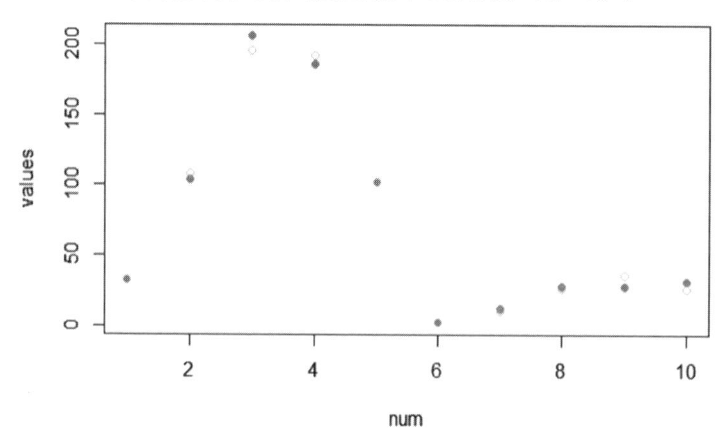

◆例3：ロジスティックモデル・プロビットモデル・補対数対数モデル

フィッシャー・スコア法を使用して、データを用いて具体的に計算をしてみます。使用される各行列の値や連結関数については次のようになります。

◆ロジスティック回帰

$$p_i = 1 - \frac{1}{(1 + e^{-\boldsymbol{x}_i'\boldsymbol{\beta}})}$$

$$g(p_i) = \log\left(\frac{p_i}{1 - p_i}\right)$$

$$D = diag\{g'(p_i)\} = diag\left\{\frac{1}{p_i(1 - p_i)}\right\}$$

$$V = W^{-1} = diag\{w_i^{-1}\} = diag\{p_i(1 - p_i)\}$$

$$w_i = var(Y_i)g'(\mu_i) = var(Y_i)(g'(p_i))^2 = \frac{1}{p_i(1 - p_i)}$$

$$var(Y_i) = p_i(1 - p_i)、 g'(p_i) = \frac{1}{p_i(1 - p_i)}$$

◆プロビット回帰

$$p_i = \Phi(\boldsymbol{x}_i'\boldsymbol{\beta})$$

$$g(p_i) = \Phi^{-1}(p_i) \qquad \Phi\text{は標準正規分布のcdf}$$

$$D = diag\{g'(p_i)\} = diag\{(\varphi(\boldsymbol{x}_i'\boldsymbol{\beta}))^{-1}\} \qquad \varphi\text{は標準正規分布のpdf}$$

$$V = W^{-1} = diag\{w_i^{-1}\} = diag\{(p_i(1 - p_i)(\varphi(\boldsymbol{x}_i'\boldsymbol{\beta}))^{-2})^{-1}\}$$

$$w_i = var(Y_i)g'(\mu_i) = var(Y_i)(g'(p_i))^2 = (p_i(1 - p_i))(\varphi(\boldsymbol{x}_i'\boldsymbol{\beta}))^{-2}$$

$$var(Y_i) = p_i(1 - p_i)、 g'(p_i) = (\varphi(\boldsymbol{x}_i'\boldsymbol{\beta}))^{-1}$$

◆補対数対数回帰

$$p_i = 1 - \exp(-\exp(\boldsymbol{x}_i'\boldsymbol{\beta}))$$

$$g(p_i) = \log(-\log(1 - p_i))$$

$$D = diag\{g'(p_i)\} = diag\left\{\frac{-1}{(1 - p_i)\log(1 - p_i)}\right\}$$

$$V = W^{-1} = diag\{w_i^{-1}\} = diag\{\frac{p_i(1-p_i)}{(1-p_i)(\log(1-p_i))^2}\}$$

$$w_i = var(Y_i)g'(\mu_i) = var(Y_i)(g'(p_i))^2 = \frac{((1-p_i)\log(1-p_i))^2}{p_i(1-p_i)}$$

$$var(Y_i) = p_i(1-p_i)、g'(p_i) = (-(1-p_i)\log(1-p_i))^{-1}$$

ただし、どのモデルに対しても同じ対数尤度(y_iは0もしくは1しかとらない)

$$\sum_i y_i \log(p_i) + (1-y_i)\log(1-p_i)$$

に従います。「ロジスティック回帰」「プロビット回帰」「補対数対数回帰」は先ほどと異なり、ベルヌーイ分布の場合になります。

2項分布の場合、対数尤度は(y_iは非負整数値)

$$\sum_i y_i \log(p_i) + (n_i - y_i)\log(1-p_i) + \log(\binom{n_i}{y_i})$$

同じくして、計算される各行列の値や連結関数については次のようになります。

◆ロジット連結

$$p_i = 1 - \frac{1}{(1+e^{-\boldsymbol{x}_i'\boldsymbol{\beta}})}$$

$$g(p_i) = \log(\frac{p_i}{1-p_i})$$

$$D = diag\{g'(p_i)\} = diag\{\frac{1}{n_i p_i(1-p_i)}\}$$

$$V = W^{-1} = diag\{w_i^{-1}\} = diag\{n_i p_i(1-p_i)\}$$

$$w_i = var(Y_i)g'(\mu_i) = var(Y_i)(g'(p_i))^2 = \frac{1}{n_i p_i(1-p_i)}$$

◆ プロビット連結

$$p_i = \Phi(\boldsymbol{x}_i'\boldsymbol{\beta})$$

$$g(p_i) = \Phi^{-1}(p_i) \qquad \Phi\text{は標準正規分布のcdf}$$

$$D = diag\{g'(p_i)\} = diag\{(n_i\varphi(\boldsymbol{x}_i'\boldsymbol{\beta}))^{-1}\} \qquad \varphi\text{は標準正規分布のpdf}$$

$$V = W^{-1} = diag\{w_i^{-1}\} = diag\{(\frac{p_i(1-p_i)}{n_i}(\varphi(\boldsymbol{x}_i'\boldsymbol{\beta}))^{-2})^{-1}\}$$

$$w_i = var(Y_i)g'(\mu_i) = var(Y_i)(g'(p_i))^2 = (\frac{p_i(1-p_i)}{n_i})(\varphi(\boldsymbol{x}_i'\boldsymbol{\beta}))^{-2}$$

◆ 補対数対数連結

$$p_i = 1 - \exp(-\exp(\boldsymbol{x}_i'\boldsymbol{\beta}))$$

$$g(p_i) = \log(-\log(1-p_i))$$

$$D = diag\{g'(p_i)\} = diag\{\frac{-1}{n_i(1-p_i)\log(1-p_i)}\}$$

$$V = W^{-1} = diag\{w_i^{-1}\} = diag\{(\frac{p_i}{n_i(1-p_i)(\log(1-p_i))^2})^{-1}\}$$

$$w_i = var(Y_i)g'(\mu_i) = var(Y_i)(g'(p_i))^2 = \frac{p_i}{n_i(1-p_i)(\log(1-p_i))^2}$$

それでは、具体的なデータで「ベルヌーイ分布の場合」と「2項分布の場合」を見ていきます。

◆ ベルヌーイ分布の場合

リスト5-3で処理するのはアテネ大学の第一産婦人科を受信した続発性の不妊の100人の女性の1人ずつについて、同じ病院から年齢、既往出生児数、教育歴が同じと思われる（マッチング）健康な女性2人ずつを対照として選択したデータです。

○リスト5-3：list5-3.R

```
# ロジスティック回帰・プロビット回帰・補対数対数回帰

library(dplyr)

# 不妊者と非不妊者について調べたデータ
data(infert)

# 目的変量（不妊：1、対照：0）
Y=infert$case

# 特徴量行列　age：年齢、induced：それまでの人工妊娠中絶回数（2は2回以上）、
#             spontaneous：それまでの自然流産回数（2は2回以上）
X=cbind(rep(1,nrow(infert)),infert[,colnames(infert) %in% c("age","induced","spont
aneous")])

X=as.matrix(X)

# モデル選択　1：ロジスティック回帰、2：プロビット、3：補対数対数モデル
model=3

# 初期値
alpha=rep(0.01,(ncol(X)))

# 反復計算回数
ite=1000

# 回帰係数保存データ
alpha_beta_data=array(0,dim=c(ite,ncol(X)))

for(j in 1:ite){
  if(model==1){
    p=1/(1+exp(-(X%*%alpha)))
    D=diag(c(1/(p*(1-p))))
    V=diag(c(p*(1-p)))
  }else{
    if(model==2){
      p=pnorm(X%*%alpha)
      D=diag(c(1/dnorm(X%*%alpha)))
      V=diag(1/c(p*(1-p)/(dnorm(X%*%alpha)^2)))
    }else{
      p=1-exp(-exp(X%*%alpha))
      V=diag(c(((1-p)*log(1-p))^2/(p*(1-p))))
      D=diag(c(1/(-(1-p)*log(1-p))))
    }
  }

  mat=solve(t(X)%*%V%*%(X))%*%t(X)%*%V%*%D%*%(Y-p)
  alpha=alpha+mat
  alpha_beta_data[j,]=alpha
}

res=data.frame(predict=p,Y=Y)
```

```
↘
# 対数尤度
log_lik=sum(Y*log(ifelse(p>0,p,1))+(1-Y)*log(ifelse(1-p>0,1-p,1)))

AIC=-2*log_lik+2*(length(alpha))
BIC=-2*log_lik+length(alpha)*log(nrow(X))
```

以下で、対照と非対照(不妊)をロジスティック回帰・プロビット回帰・補対数対数回帰を用いて予測し、各特徴量

- education　　：教育を受けた年数
- age　　　　　：年齢
- parity　　　 ：既往出生児数
- induced　　　：それまでの人工妊娠中絶回数(2は2回以上)
- case　　　　 ：不妊の女性が1、対照が0
- spontaneous ：それまでの自然流産回数(2は2回以上)
- stratum　　　：マッチングした組番号
- pooled.stratum：プールした層番号

の中から「age」「induced」「spontaneous」を使用して予測しました。

目的変量は「case」でそれぞれの回帰係数、AIC、BICを比較してみます。logisticはロジスティック回帰、probitはプロビット回帰、cloglogは補対数対数回帰の予測確率です。

○表5-6：データと出力結果（予測値、20行抽出）

age	induced	spontaneous	logistic	probit	cloglog	case
26	1	2	0.734663	0.736627	0.754312	1
42	1	0	0.256205	0.253969	0.26179	1
39	2	0	0.332671	0.333238	0.331634	1
34	2	0	0.309202	0.311735	0.30601	1
35	1	1	0.499464	0.498984	0.486063	1
36	2	1	0.611517	0.608907	0.615461	1
23	0	0	0.129046	0.123662	0.138041	1
32	0	0	0.152449	0.147095	0.162398	1
21	0	1	0.323429	0.330902	0.301852	1
28	0	0	0.141644	0.136336	0.151127	1
26	2	0	0.273645	0.278652	0.268217	0
42	0	0	0.182413	0.176424	0.193937	0
39	2	0	0.332671	0.333238	0.331634	0
34	0	1	0.387465	0.389139	0.371004	0
35	2	0	0.313823	0.315988	0.311011	0
36	1	1	0.50485	0.503767	0.492792	0
23	0	0	0.129046	0.123662	0.138041	0
32	2	0	0.300075	0.303306	0.296193	0
21	0	1	0.323429	0.330902	0.301852	0
28	0	1	0.357267	0.361857	0.337795	0
29	0	0	0.144284	0.138974	0.153876	0

○表5-7：出力結果（回帰係数）

回帰係数	intercept	age	induced	spontaneous
ロジスティック回帰	-2.40494	0.02154	0.43429	1.21446
プロビット回帰	-1.43263	0.0199	0.26703	0.74343
補対数対数回帰	-2.3577	0.0196	0.3421	0.9225

○表5-8：出力結果（精度評価）

項目	ロジスティック回帰	プロビット回帰	補対数対数回帰
AIC	287.0368	286.7513	287.4596
BIC	301.0905	300.805	301.5133

これらの表を見ると、AICとBICのどちらを見ても、わずかにプロビット回帰が適正だと判断できます。

◆2項分布の場合

ここでは、がん研究に対して、2種類の薬X1、X2の組み合わせによる細胞障害がどの程度発生するかを調査したものから、死亡した細胞と生存している細胞を数えることで細胞障害の評価を行っています(**リスト5-4**)。

- X1：薬剤1の濃度
- X2：薬剤2の濃度
- y　：死亡細胞数
- n　：総細胞数

○リスト5-4：list5-4.R

```
# 細胞の死亡数に対する2つの薬剤の濃度（薬剤1の濃度：X1、薬剤2の濃度：X2）

data=data.frame(X1=c(rep(0,4),rep(3,4),rep(15,4),rep(35,4)),X2=c(0,3,15,100,0,3,15
,100,0,3,15,100,0,3,15,100),CELLN=c(95,86,92,86,90,93,91,94,89,82,88,84,90,91,95,8
8),CELLS=c(18,22,55,67,14,18,42,80,16,11,37,63,17,35,57,75))

# 特徴量行列
X=as.matrix(cbind(rep(1,nrow(data)),data[,colnames(data) %in% c("X1","X2")],data[,
colnames(data) %in% c("X1","X2")]^2))

# y:細胞死亡数、n：総細胞数
y=data$CELLS;n=data$CELLN

# モデル選択  1：ロジット、2:プロビット、3:補対数対数
model=1

# 初期値
alpha=rep(0.0001,(ncol(X)))

# 反復計算回数
ite=10^4

# 学習率
eta=0.001

# 回帰係数保存データ
alpha_beta_data=array(0,dim=c(ite,ncol(X)))
```

```
↘
for(j in 1:ite){
  if(model==1){
    p=1/(1+exp(-(X%*%alpha)))
    D=diag(c(1/(n*p*(1-p))))
    V=diag(c(n*p*(1-p)))
  }else{
    if(model==2){
      p=pnorm(X%*%alpha)
      D=diag(c(1/(n*dnorm(X%*%alpha))))
      V=diag(1/c(n*p*(1-p)/((n*dnorm(X%*%alpha))^2)))
    }else{
      p=1-exp(-exp(X%*%alpha))
      V=diag(1/c(p*(log(1-p)^(-2))/(n*(1-p))))
      D=diag(c(1/(-n*(1-p)*log(1-p))))
    }
  }

  mat=solve(t(X)%*%V%*%(X))%*%t(X)%*%V%*%D%*%(y-n*p)
  alpha=alpha+eta*mat
  alpha_beta_data[j,]=alpha
}

res=data.frame(data,pre_freq=n*p,pre_p=p)

# 対数尤度
log_lik=sum(log(dbinom(y,n,p)))

AIC=-2*log_lik+2*(length(alpha))
BIC=-2*log_lik+length(alpha)*log(nrow(X))
mu=n*p

                                                                  ↘
↘
# 残差にあたる部分(尤離度)
D_y_mu1=y*log(y/mu);D_y_mu2=(n-y)*log((n-y)/(n-mu))
D_y_mu1[is.nan(D_y_mu1)>0]=0;D_y_mu2[is.nan(D_y_mu2)>0]=0
D_y_mu=2*D_y_mu1+2*D_y_mu2

# 回帰にあたる部分(尤離度)
D_y_y1=y*log(y/mean(y));D_y_y2=(n-y)*log((n-y)/(n-mean(y)))
D_y_y1[is.nan(D_y_y1)>0]=0;D_y_y2[is.nan(D_y_y2)>0]=0
D_y_y=2*D_y_y1+2*D_y_y2

# 尤離度決定係数
R_dev=1-sum(D_y_mu)/sum(D_y_y)
```

リスト5-4のデータと予測値、使用した特徴量行列、出力結果などは**表5-9**～**表5-12**のとおりです。

○表5-9：データと各予測値

X1	X2	CELLN (y)	CELLS (n)	logistic_freq	logistic_p	probit_freq	probit_p	cloglog_freq	cloglog_p
0	0	95	18	18.0229884	0.18972	17.93645	0.1888	18.1603063	0.191161
0	3	86	22	21.5521568	0.25061	21.71418	0.2525	21.1845568	0.246332
0	15	92	55	49.802596	0.54133	49.52166	0.5383	49.7142454	0.540372
0	100	86	67	70.9243384	0.8247	70.82358	0.8235	71.1007744	0.826753
3	0	90	14	14.9449731	0.16606	14.82856	0.1648	15.6377345	0.173753
3	3	93	18	20.5927371	0.22143	20.81297	0.2238	20.8907978	0.224632
3	15	91	42	45.5846439	0.50093	45.62104	0.5013	45.7797826	0.503075
3	100	94	80	75.2037578	0.80004	75.05534	0.7985	74.5817596	0.793423
15	0	89	16	11.476343	0.12895	11.24341	0.1263	12.9334629	0.14532
15	3	82	11	14.3119242	0.17454	14.48389	0.1766	15.4867633	0.188863
15	15	88	37	37.6055759	0.42734	38.21616	0.4343	38.4993307	0.437492
15	100	84	63	62.8655738	0.7484	62.80765	0.7477	61.0504712	0.726791
35	0	90	17	21.5686436	0.23965	21.60038	0.24	20.2669765	0.225189
35	3	91	35	28.249083	0.31043	28.37708	0.3118	26.2351136	0.288298
35	15	95	57	58.3034063	0.61372	57.68731	0.6072	57.6975394	0.607343
35	100	88	75	75.9997254	0.86363	76.1555	0.8654	77.3116476	0.878541

○表5-10：使用した特徴量行列

X1	X2	X1を2乗したもの	X2を2乗したもの
0	0	0	0
0	3	0	9
0	15	0	225
0	100	0	10000
3	0	9	0
3	3	9	9
3	15	9	225
3	100	9	10000
15	0	225	0
15	3	225	9
15	15	225	225
15	100	225	10000
35	0	1225	0
35	3	1225	9
35	15	1225	225
35	100	1225	10000

○表5-11：出力結果（回帰係数）

回帰係数	切片	X1	X2	X1を2乗したもの	X2を2乗したもの
ロジスティック回帰	-1.45186	-0.05985	0.121573	0.001952791	-0.000915693
プロビット回帰	-0.88231	-0.03429	0.073542	0.001123459	-0.000554295
補対数対数回帰	-1.55044	-0.03906	0.098121	0.001266524	-0.00077003

○表5-12：出力結果（精度評価）

項目	ロジスティック回帰	プロビット回帰	補対数対数回帰
AIC	95.15372	95.65752	97.46979
BIC	99.01666	99.52047	101.3327
尤離度決定係数	0.9718547	0.9706442	0.9662901

◆例4：指数回帰モデル（対数連結：$g(\mu) = \log(\mu) = \boldsymbol{x}'\boldsymbol{\beta}$）

指数分布の密度関数

$$f(y) = \frac{1}{\mu} e^{-\frac{y}{\mu}} \quad y > 0、\mu > 0$$

$Y_i, i = 1,2, \dots, n$ は期待値 $\mu_i, i = 1,2, \dots, n$ に従うとします。$y_i, i = 1,2, \dots, n$ が独立のとき、対数尤度・尤離度・尤離度決定係数は、次のようになります。

- **対数尤度**

$$\sum_{i=1}^{n} (-\boldsymbol{x}_i'\boldsymbol{\beta} - y_i e^{-\boldsymbol{x}_i'\boldsymbol{\beta}})$$

- **尤離度**（$\boldsymbol{\mu} = e^{-x_i'\beta}$）

$$D(\boldsymbol{y}, \boldsymbol{\mu}) = 2 \sum_{i=1}^{n} (\log\left(\frac{\mu_i}{y_i}\right) + \frac{y_i - \mu_i}{\mu_i})$$

- **尤離度決定係数**

$$R_{dev}^2 = 1 - \frac{\sum_{i=1}^{n} \left(\log\left(\frac{\mu_i}{y_i}\right) + \frac{y_i - \mu_i}{\mu_i}\right)}{\sum_{i=1}^{n} \left(\log\left(\frac{\mu_i}{\bar{y}}\right) + \frac{y_i - \bar{y}}{\bar{y}}\right)} = 1 - \frac{D(\boldsymbol{y}, \boldsymbol{\mu})}{D(\boldsymbol{y}, \bar{y})}$$

また、指数分布の pdf は

$$f(y) = \gamma e^{-\gamma y} = \exp(-\gamma y + log(\gamma)) \quad \gamma > 0、y > 0$$

なので、指数分布族に当てはめると、

$$\theta = -\gamma、b(\theta) = -\log(\gamma)、a(\varphi) = 1、c(y, \varphi) = 0$$

これらから、

$$\mu = b'(\theta) = \frac{1}{\gamma}、V[Y] = a(\varphi)b''(\theta) = \frac{1}{\theta^2} = \frac{1}{\gamma^2}$$

よって、

$$w_i = V[Y_i](g'(\mu_i)^2) = 1、g'(\mu_i) = \frac{1}{\mu_i}$$

データは、「例2：ポアソン回帰モデル」(127ページ)で使用したものです。

データは「MR=100000*DEATH/PERSON」(10万人当たりの死亡者数)の対数で、PERSONは調査時の延べ観測者数、DEATHは死亡者数、predictは予測値になります(**表5-13**)。

○表5-13：予測値

MR	DEATH	PERSON	predict
61.06055	32	52407	31.93211
240.4735	104	43248	107.2896
719.9776	206	28612	194.9657
1468.846	186	12663	191.615
1918.375	102	5317	101.8525
10.64396	2	18790	2.182743
112.4332	12	10673	10.3639
490.3678	28	5710	26.61429
1083.172	28	2585	36.96383
2120.383	31	1462	27.76578

特徴量(目的変量はDEATH)は次のとおりです(**表5-14**)。

- X2：喫煙者と非喫煙者を判別するカラム
- X3：年齢階層(0：35歳未満、1：35～44歳、2：45～54歳、3：55～64歳、4：65～74歳、5：75～84歳)
- X4：X3の2乗値
- X5：喫煙者X3の値、非喫煙者0の値

○表5-14：特徴量行列

X2	X3	X4	X5
1	1	1	1
1	2	4	2
1	3	9	3
1	4	16	4
1	5	25	5
0	1	1	0
0	2	4	0
0	3	9	0
0	4	16	0
0	5	25	0

指数分布回帰モデルのRコードと出力結果は次のとおりです。

○リスト5-5：list5-5.R

```
# 指数分布回帰モデル

library(dplyr)

# 冠状動脈性心疾患と喫煙のデータで解析

# 死亡数
DEATH=c(32,104,206,186,102,2,12,28,28,31)

# 観測者数
PERSON=c(52407,43248,28612,12663,5317,18790,10673,5710,2585,1462)

X2=c(rep(1,5),rep(0,5))
X3=c(1:5,1:5)
X4=X3^2
X5=c(1:5,rep(0,5))

# 特徴量行列
X=cbind(rep(1,length(X3)),X2,X3,X4,X5)

# 目的変量
pis=DEATH

# 初期値
alpha=rep(0.01,(ncol(X)))
```

```
↘
# 反復計算回数と学習率
ite=1000;eta=0.01

# パラメータを保存するデータ
alpha_beta_data=array(0,dim=c(ite,ncol(X)))

for(j in 1:ite){
  V=array(0,dim=c(nrow(X),nrow(X)))
  diag(V)=1
  D=diag(c(1/exp(X%*%alpha)))
  mat=solve(t(X)%*%V%*%(X))%*%t(X)%*%V%*%D%*%(pis-exp(X%*%alpha))
  alpha=alpha+eta*mat
  alpha_beta_data[j,]=alpha
  loglik=sum(-X%*%alpha-pis*exp(-X%*%alpha))
  print(paste0("対数尤度:",loglik))
}

# 予測値
predict=exp(X%*%alpha)
data=data.frame(X,pis,predict)

plot(c(1:nrow(data)),data$pis,type="p",col=2,xlim=c(1,nrow(data)),ylim=c(min(c(pis
,predict)),max(c(pis,predict))),xlab="samples",ylab="predict",main="指数回帰
model",pch=16)

par(new=T)

plot(c(1:nrow(data)),data$predict,type="p",col=3,xlim=c(1,nrow(data)),ylim=c(min(c
(pis,predict)),max(c(pis,predict))),xlab="samples",ylab="predict",pch=1)

# 尤離度決定係数
R2_dev=1-sum(log(predict/pis)+(pis-predict)/predict)/sum(log(mean(pis)/pis)+(pis-
mean(pis))/mean(pis))
```

○出力結果（尤離度決定係数）

```
> R2_dev(尤離度決定係数):
[1] 0.9905074
```

○図5-4：予測値と実測値のプロット（指数回帰モデル）

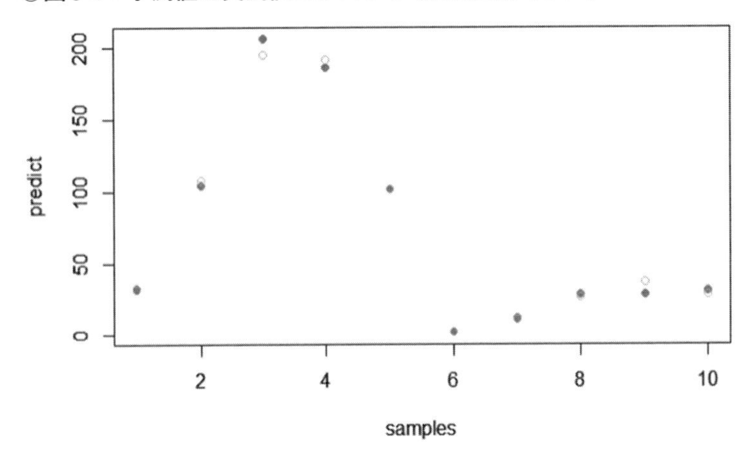

◆例5：ガンマ分布回帰（対数連結：$g(\mu_i) = \log(\mu_i) = \boldsymbol{x}_i'\boldsymbol{\beta}$）

Yがパラメータα、βのガンマ分布に従うとき、Yのpdfは

$$f(y) = \frac{y^{\alpha-1}e^{-\frac{y}{\beta}}}{\beta^{\alpha}\Gamma(\alpha)} \qquad \alpha > 0、\beta > 0$$

となります。これを書き換えると、

$$f(y) = \exp\left(\frac{-\frac{y}{\alpha\beta} - \log(\alpha\beta)}{\frac{1}{\alpha}} + \alpha\log(\alpha) - \log\bigl(\Gamma(\alpha)\bigr) + (\alpha - 1)\log(y)\right)$$

この式に対して、当てはめると、

$$\theta = -\frac{1}{\alpha\beta}、b(\theta) = \log(\alpha\beta) = -\log(-\theta)、a(\varphi) = \frac{1}{\alpha}、$$

$$c(y, \varphi) = \alpha\log(\alpha) - \log\bigl(\Gamma(\alpha)\bigr) + (\alpha - 1)\log(y)$$

の指数分布族になります。また、

$$\mu = b'(\theta) = -\frac{1}{\theta} = \alpha\beta、b''(\theta) = \frac{1}{\theta^2} = (\alpha\beta)^2、V[Y] = \alpha\beta^2$$

から、$\mu_i = \alpha\beta_i$と考えると、

$$V[Y_i] = \alpha\beta_i^2 = \frac{\mu_i^2}{\alpha}、g'(\mu_i) = \frac{1}{\mu_i}、w_i = \frac{1}{\alpha}$$

対数尤度・尤離度・尤離度決定係数はそれぞれ次のとおりです。

- **対数尤度**

$$\log L = \sum_{i=1}^{n} l_i = \sum_{i=1}^{n} (\alpha\left(-\frac{y_i}{\mu_i} - \log(\mu_i)\right) + \alpha\log(\alpha) - \log\bigl(\Gamma(\alpha)\bigr) + (\alpha-1)\log(y_i))$$

- **規準化尤離度**

$$D(\boldsymbol{y}, \widehat{\boldsymbol{\mu}}) = 2\alpha \sum_{i=1}^{n} (\log\left(\frac{\widehat{\mu}_i}{y_i}\right) + \frac{y_i - \widehat{\mu}_i}{\widehat{\mu}_i})$$

- **非規準化尤離度**

$$\sum_{i=1}^{n} (\log\left(\frac{\widehat{\mu}_i}{y_i}\right) + \frac{y_i - \widehat{\mu}_i}{\widehat{\mu}_i})$$

- **尤離度決定係数**

$$R_{dev}^2 = 1 - \frac{D(\boldsymbol{y}, \widehat{\boldsymbol{\mu}})}{D(\boldsymbol{y}, \bar{y})}$$

ただし、

$$D(\boldsymbol{y}, \bar{y}) = 2\alpha \sum_{i=1}^{n} (\log\left(\frac{\bar{y}}{y_i}\right) + \frac{y_i - \bar{y}}{\bar{y}})$$

$$l_i = \alpha\left(-\frac{y_i}{\mu_i} - \log(\mu_i)\right) + \alpha\log(\alpha) - \log\bigl(\Gamma(\alpha)\bigr) + (\alpha-1)\log(y_i)$$

また、αの最尤推定量は、

$$\frac{\partial l_i}{\partial \alpha} = \left(-\frac{y_i}{\mu_i} - \log(\mu_i)\right) + \log(\alpha) + 1 - \frac{\Gamma(\alpha)'}{\Gamma(\alpha)} + \log(y_i)$$

なので、

$$\frac{\partial \mathrm{log}L}{\partial \alpha} = n\left(\log(\alpha) - \frac{\Gamma(\alpha)'}{\Gamma(\alpha)}\right) + \sum_{i=1}^{n}(1 - \frac{y_i}{\mu_i} - \log(\mu_i)) = 0$$

規準化されていない尤離度を

$$D = 2\sum_{i=1}^{n}(\log\left(\frac{\widehat{\mu_i}}{y_i}\right) + \frac{y_i - \widehat{\mu_i}}{\widehat{\mu_i}})$$

とすると、αの最尤推定量は、

$$\log(\alpha) - \frac{\Gamma(\alpha)'}{\Gamma(\alpha)} = \frac{D}{2n} = \frac{\overline{D}}{2}$$

Jeffery(2000)p.224の近似式($\Psi(\alpha) = \frac{\Gamma(\alpha)'}{\Gamma(\alpha)}$　ディガンマ関数)

$$\Psi(\alpha) \sim \log(\alpha) - \frac{1}{2\alpha} - \frac{B_2}{2\alpha^2} - \frac{B_4}{4\alpha^2} \cdots$$

から、

$$\log(\alpha) - \Psi(\alpha) = \frac{\overline{D}}{2} \sim \frac{1}{2\alpha} + \frac{1}{12\alpha^2}$$

よって、

$$\overline{D}\alpha^2 - \alpha - \frac{1}{6} = 0$$

を解くと、αの最尤推定量$\hat{\alpha}$は、

$$\hat{\alpha} = \frac{1 + \sqrt{1 + \frac{2}{3}\overline{D}}}{2\overline{D}}$$

データは、前項と同様に「例2：ポアソン回帰モデル」(127ページ)で使用した

ものです(再掲)。

データは「MR=100000*DEATH/PERSON」(10万人当たりの死亡者数)の対数で、PERSONは調査時の延べ観測者数、DEATHは死亡者数、predictは予測値になります(表5-15)。

○表5-15：予測値

MR	DEATH	PERSON	predict
61.06055	32	52407	31.93211
240.4735	104	43248	107.2896
719.9776	206	28612	194.9657
1468.846	186	12663	191.615
1918.375	102	5317	101.8525
10.64396	2	18790	2.182743
112.4332	12	10673	10.3639
490.3678	28	5710	26.61429
1083.172	28	2585	36.96383
2120.383	31	1462	27.76578

特徴量(目的変量はDEATH)は次のとおりです(表5-16)。

- X2：喫煙者と非喫煙者を判別するカラム
- X3：年齢階層(0：35歳未満、1：35～44歳、2：45～54歳、3：55～64歳、4：65～74歳、5：75～84歳)
- X4：X3の2乗値
- X5：喫煙者X3の値、非喫煙者0の値

○表5-16：特徴量行列

X2	X3	X4	X5
1	1	1	1
1	2	4	2
1	3	9	3
1	4	16	4
1	5	25	5
0	1	1	0
0	2	4	0
0	3	9	0
0	4	16	0
0	5	25	0

指数分布回帰モデルのRコードと出力結果は次のとおりです。

○リスト5-6：list5-6.R

```
# ガンマ分布回帰モデル

library(dplyr)

# 死亡者数
DEATH=c(32,104,206,186,102,2,12,28,28,31)

# 観測者数
PERSON=c(52407,43248,28612,12663,5317,18790,10673,5710,2585,1462)

X2=c(rep(1,5),rep(0,5))
X3=c(1:5,1:5)
X4=X3^2
X5=c(1:5,rep(0,5))

# 特徴量行列
X=cbind(rep(1,length(X3)),X2,X3,X4,X5)

# 目的変量
pis=DEATH

# 初期値
alpha=rep(0.1,(ncol(X)))

# 反復計算回数、パラメータ、学習率
ite=2000;a=1;eta=0.01
```

```
# パラメータを保存するデータ
alpha_beta_data=array(0,dim=c(ite,ncol(X)))

for(j in 1:ite){
  V=array(0,dim=c(nrow(X),nrow(X)))

  # 尤離度
  D=2*sum(log(exp(X%*%alpha)/DEATH)+(DEATH-exp(X%*%alpha))/exp(X%*%alpha))
  D=D/(nrow(X))
  a=(1+sqrt(1+(2*D)/3))/(2*D)
  diag(V)=c(a);d=diag(c(1/exp(X%*%alpha)))
  mat=solve(t(X)%*%V%*%(X))%*%t(X)%*%V%*%d%*%(pis-exp(X%*%alpha))
  alpha=alpha+eta*mat
  alpha_beta_data[j,]=alpha
  loglik=sum(a*(-pis/exp(X%*%alpha)-X%*%alpha)+a*log(a)-log(gamma(a))+(a-
1)*log(pis))
  print(loglik)
}

predict=exp(X%*%alpha)

data=data.frame(X,pis,predict)

# 尤離度決定係数
R2_dev=1-sum(log(exp(X%*%alpha)/DEATH)+(DEATH-exp(X%*%alpha))/exp(X%*%alpha))/
sum(log(mean(DEATH)/DEATH)+(DEATH-mean(DEATH))/mean(DEATH))

plot(c(1:nrow(data)),data$pis,type="p",col=2,xlim=c(1,nrow(data)),ylim=c(min(c(pis
,predict)),max(c(pis,predict))),xlab="samples",ylab="predict",main="gamma回帰
model",pch=16)

par(new=T)

plot(c(1:nrow(data)),data$predict,type="p",col=3,xlim=c(1,nrow(data)),ylim=c(min(c
(pis,predict)),max(c(pis,predict))),xlab="samples",ylab="predict",pch=1)
```

○出力結果（回帰係数・尤離度決定係数・パラメータ）

```
> alpha(回帰係数):
          [,1]
切片   -1.3917809
X2      3.0288725
X3      2.4797042
X4     -0.3073157
X5     -0.3458312

> a(パラメータ):
[1] 83.07477

> R2_dev(尤離度決定係数):
[1] 0.9905074
```

○図5-5：予測値と実測値のプロット（ガンマ回帰モデル）

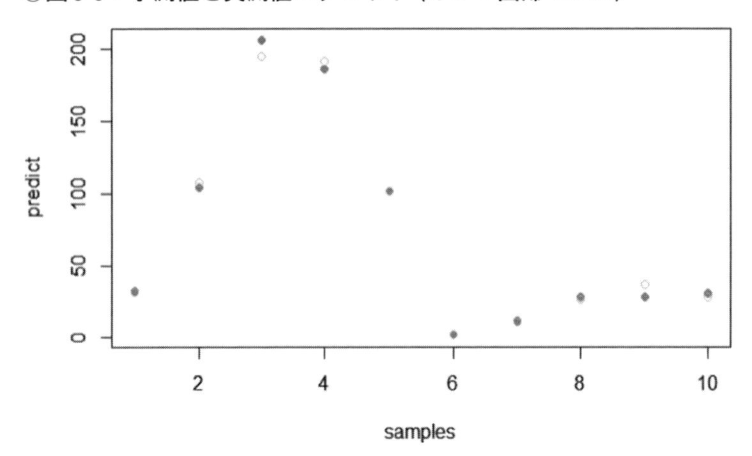

◆例6：逆ガウス分布回帰（対数連結：$g(\mu_i) = \log(\mu_i) = \boldsymbol{x}_i'\boldsymbol{\beta}$）

逆ガウス分布のpdfを書くと、

$$f(y) = (\frac{\gamma}{2\pi y^3})^{\frac{1}{2}} \exp\left(\frac{-\gamma(y-\mu)^2}{2y\mu^2}\right) \quad y、\mu、\gamma > 0$$

$$= \exp\left(\left(\frac{-\frac{y}{2\mu^2} + \frac{1}{\mu}}{\frac{1}{\gamma}}\right) - \frac{1}{2}(\log(2\pi) + 3\log(y)) - \frac{\gamma}{2y} + \frac{1}{2}\log(\gamma)\right)$$

上式は、

$$\theta = -\frac{1}{2\mu^2}、b(\theta) = -\frac{1}{\mu}、a(\varphi) = \varphi = \frac{1}{\gamma}$$

$$c(y,\varphi) = -\frac{\gamma}{2y} - \frac{3}{2}\log(y) + \frac{1}{2}\log(\gamma) - \frac{1}{2}\log(2\pi)$$

とした場合の指数分布族になります。これらの関係から、

$$b'(\theta) = (-2\theta)^{-\frac{1}{2}} = \mu$$

$$b''(\theta) = (-2\theta)^{-\frac{3}{2}} = \mu^3$$

$$E[Y] = b'(\theta) = \mu、V[Y] = a(\varphi)b''(\theta) = \frac{\mu^3}{\gamma}$$

が得られます。

パラメータμ、γの逆ガウス分布に従うYを

$$Y \sim IG(\mu, \gamma)$$

と書くことにします。

Y_i、$i = 1, \dots, n$を$Y_i \sim IG(\mu_i, \gamma)$とし、$Y_1, \cdots, Y_n$は独立とすると、

$$w_i = V[Y_i](g'(\mu_i))^2 = \frac{\mu_i}{\gamma}$$

また、対数尤度は、$y_1, \cdots, y_n$が与えられているとき、

$$l_i = -\frac{\gamma y_i}{2\mu_i^2} + \frac{\gamma}{\mu_i} - \frac{1}{2}(\log(2\pi) + 3\log(y_i)) - \frac{\gamma}{2y_i} + \frac{1}{2}\log(\gamma)$$

から、

$$\log L = \sum_{i=1}^{n} l_i = \sum_{i=1}^{n} (-\frac{\gamma y_i}{2\mu_i^2} + \frac{\gamma}{\mu_i} - \frac{1}{2}(\log(2\pi) + 3\log(y_i)) - \frac{\gamma}{2y_i} + \frac{1}{2}\log(\gamma))$$

となります。また、最尤推定量$\hat{\gamma}$は

$$\frac{\partial l_i}{\partial \gamma} = -\frac{(y_i - \widehat{\mu_i})^2}{2y_i\mu_i^2} + \frac{1}{2\gamma}$$

となることから、計算すると、

$$\hat{\gamma} = (\frac{1}{n}\sum_{i=1}^{n} \frac{(y_i - \widehat{\mu_i})^2}{y_i(\widehat{\mu_i})^2})^{-1}$$

また、$\boldsymbol{y} = (y_1, \dots, y_n)$、$\boldsymbol{\mu} = (\mu_1, \dots, \mu_n)$とするとき、

$$\log(L(\boldsymbol{y}, \boldsymbol{\mu})) = \sum_{i=1}^{n} (-\frac{\gamma y_i}{2\mu_i^2} + \frac{\gamma}{\mu_i} - \frac{1}{2}(\log(2\pi) + 3\log(y_i)) - \frac{\gamma}{2y_i} + \frac{1}{2}\log(\gamma))$$

と表すことにします。

そのとき、尤離度・尤離度決定係数は次のとおりです。

- **尤離度**

$$D(\boldsymbol{y},\boldsymbol{\mu}) = 2\left(\log\left(L(\boldsymbol{y},\boldsymbol{y})\right) - \log\left(L(\boldsymbol{\mu},\boldsymbol{y})\right)\right) = \sum_{i=1}^{n} \gamma \frac{(y_i - \mu_i)^2}{y_i \mu_i^2}$$

- **尤離度決定係数**

$$R_{dev}^2 = 1 - \frac{\sum_{i=1}^{n} \frac{(y_i - \widehat{\mu_i})^2}{y_i(\widehat{\mu_i})^2}}{\sum_{i=1}^{n} \frac{(y_i - \bar{y})^2}{y_i(\bar{y})^2}}$$

データは、前項と同様に「例2：ポアソン回帰モデル」(127ページ)で使用したものです(再掲)。

データは「MR=100000*DEATH/PERSON」(10万人当たりの死亡者数)の対数で、PERSONは調査時の延べ観測者数、DEATHは死亡者数、predictは予測値になります(**表5-17**)。

○**表5-17：予測値**

MR	DEATH	PERSON	predict
61.06055	32	52407	31.93211
240.4735	104	43248	107.2896
719.9776	206	28612	194.9657
1468.846	186	12663	191.615
1918.375	102	5317	101.8525
10.64396	2	18790	2.182743
112.4332	12	10673	10.3639
490.3678	28	5710	26.61429
1083.172	28	2585	36.96383
2120.383	31	1462	27.76578

特徴量(目的変量はDEATH)は次のとおりです(表5-18)。

- X2：喫煙者と非喫煙者を判別するカラム
- X3：年齢階層(0：35歳未満、1：35〜44歳、2：45〜54歳、3：55〜64歳、4：65〜74歳、5：75〜84歳)
- X4：X3の2乗値
- X5：喫煙者X3の値、非喫煙者0の値

○表5-18：特徴量行列

X2	X3	X4	X5
1	1	1	1
1	2	4	2
1	3	9	3
1	4	16	4
1	5	25	5
0	1	1	0
0	2	4	0
0	3	9	0
0	4	16	0
0	5	25	0

指数分布回帰モデルのRコードと出力結果は次のとおりです。

○リスト5-7：list5-7.R

```
# 逆ガウス分布回帰モデル

# 死亡者数
DEATH=c(32,104,206,186,102,2,12,28,28,31)

# 観測者数
PERSON=c(52407,43248,28612,12663,5317,18790,10673,5710,2585,1462)

X2=c(rep(1,5),rep(0,5))
X3=c(1:5,1:5)
X4=X3^2
X5=c(1:5,rep(0,5))

# 特徴量行列
X=cbind(rep(1,length(X3)),X2,X3,X4,X5)
```

```
# 目的変量
pis=DEATH

# パラメータの初期値
alpha=rep(0.001,(ncol(X)))

# 反復計算回数、パラメータ、学習率
ite=10000;lambda=1;eta=0.001

# パラメータを保存するデータ
alpha_beta_data=array(0,dim=c(ite,ncol(X)))

for(j in 1:ite){
  V=array(0,dim=c(nrow(X),nrow(X)))
  lambda=1/mean(((pis-exp(X%*%alpha))^2)/(pis*exp(X%*%alpha)^2))
  diag(V)=1/(exp(X%*%alpha)/lambda)
  D=diag(c(1/exp(X%*%alpha)))
  mat=solve(t(X)%*%V%*%(X))%*%t(X)%*%V%*%D%*%(pis-exp(X%*%alpha))
  alpha=alpha+eta*mat
  alpha_beta_data[j,]=alpha

  # 対数尤度
  loglik=sum(lambda*(-pis/(2*exp(X%*%alpha)^2)+1/exp(X%*%alpha))-
(log(2*pi)+3*log(pis))/2-lambda/(2*pis)+log(lambda)/2)

  print(loglik)
}

predict=exp(X%*%alpha)

# 尤離度
d=lambda*sum((pis-exp(X%*%alpha))^2/(pis*exp(X%*%alpha)^2))

# 尤離度決定係数
R2_dev=1-d/(lambda*sum((pis-mean(pis))^2/(pis*mean(pis)^2)))

data=data.frame(X,pis,predict)

plot(c(1:nrow(data)),data$pis,type="p",col=2,xlim=c(1,nrow(data)),ylim=c(min(c(pis
,predict)),max(c(pis,predict))),xlab="samples",ylab="Y",main="逆ガウス回帰
model",pch=16)

par(new=T)

plot(c(1:nrow(data)),data$predict,type="p",col=3,xlim=c(1,nrow(data)),ylim=c(min(c
(pis,predict)),max(c(pis,predict))),xlab="samples",ylab="Y",pch=1)
```

◯出力結果（回帰係数・尤離度決定係数）

```
> R2_dev(尤離度決定係数)：
[1] 0.9918542

> alpha(回帰係数)：
            [,1]
切片    -1.6435120
X2       3.1133954
X3       2.6856767
X4      -0.3379452
X5      -0.3753436

> lambda(パラメータ)：
[1] 2008.798
```

◯図5-6：予測値と実測値のプロット（逆ガウス回帰モデル）

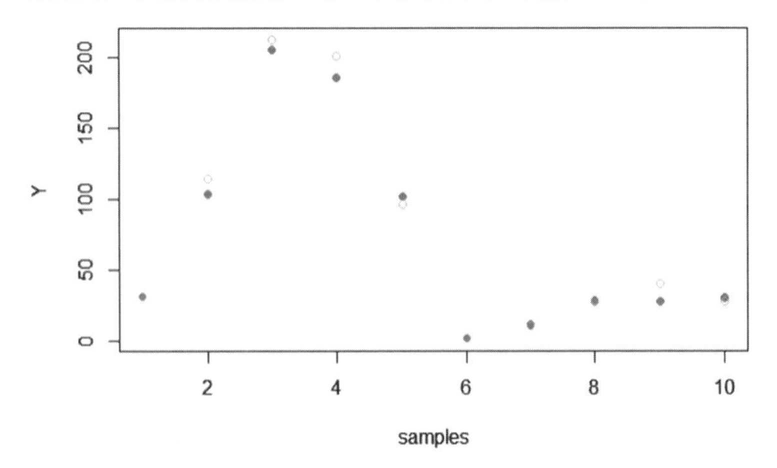

第6章

多クラスロジスティック

本章では多クラス分類に使用できる機械学習モデルを説明します。前章で習った再急降下法を用いてパラメータを計算し、それをもとにどのクラスに分類されるか予測可能なモデルを構成します。構成されたモデルをもとに、具体的なデータを用いた事例を紹介します。

6-1　ベルヌーイ・ロジットモデルの多クラス拡張

y_{ij}、$i = 1, \ldots, n$、$j = 1, \ldots, c$を1および0の値しかとらない2値変数、また、活性化関数はソフトマックス関数、すなわち、

$$\frac{\exp(z_i)}{\sum_i \exp(z_i)} \quad (= \varphi(z_i) = \varphi_i、i = 1,2, \ldots, c)$$

とします。$\varphi(z_i)(= \varphi_i)$はクラスiに属する確率になります。ただし、$\boldsymbol{z} = [z_1, \ldots, z_c]'$は特徴量ベクトル$\boldsymbol{x} = [x_1, \ldots, x_m]$と重み係数行列$\boldsymbol{W} = \{w_{ij}\}_{i=1,2,\ldots,m、j=1,2,\ldots,c}$と閾値ベクトル$\boldsymbol{b} = [b_1, \ldots, b_c]'$により、

$$\boldsymbol{z} = \boldsymbol{x}\boldsymbol{W} + \boldsymbol{b}$$

と表せるものとします。

また、尤度を

$$\prod_{i=1}^{n} \prod_{k=1}^{c} \varphi_{ik}^{y_{ij}}$$

とします。ただし、φ_{ik}は先ほど述べたようなソフトマックス関数に従う各クラスの確率で、

$$\sum_{k=1}^{c} \varphi_{ik} = 1、i = 1, \ldots, n$$

を満たし、行列形式では、

$$\boldsymbol{\varphi} = \begin{pmatrix} \varphi_{11} & \cdots & \varphi_{1c} \\ \vdots & \ddots & \vdots \\ \varphi_{n1} & \cdots & \varphi_{nc} \end{pmatrix}$$

と表記できるものとします。これらをもとに対数尤度と交差エントロピーは、

- **対数尤度**

$$L = \sum_{i=1}^{n} \sum_{k=1}^{c} y_{ik} \log(\varphi_{ik})$$

• **交差エントロピー**

$$-\sum_{i=1}^{n}\sum_{k=1}^{c} y_{ik}\log(\varphi_{ik})$$

となります。これはベルヌーイ・ロジットモデルの多クラス拡張になります。

勾配法による最適なパラメータの計算を行うため、重み係数および閾値ベクトルの各要素についての対数尤度における微分を計算すると、

$$\frac{\partial L}{\partial w_{jl}} = -\frac{\partial}{\partial w_{jl}}\sum_{i=1}^{n}\sum_{k=1}^{c} y_{ik}\log(\varphi_{ik}) = -\sum_{i=1}^{n}\sum_{k=1}^{c} y_{ik}\frac{\partial}{\partial w_{jl}}\log(\varphi_{ik})$$

$$= -\sum_{i=1}^{n}\sum_{k=1}^{c} y_{ik}\frac{\partial\log(\varphi_{ik})}{\partial\varphi_{ik}}\frac{\partial\varphi_{ik}}{\partial w_{jl}} = -\sum_{i=1}^{n}\sum_{k=1}^{c} y_{ik}\frac{\partial\log(\varphi_{ik})}{\partial\varphi_{ik}}\sum_{p=1}^{c}\frac{\partial\varphi_{ik}}{\partial z_{ip}}\frac{\partial z_{ip}}{\partial w_{jl}}$$

$$= -\sum_{i=1}^{n}\sum_{k=1}^{c} y_{ik}\frac{\partial\log(\varphi_{ik})}{\partial\varphi_{ik}}\frac{\partial\varphi_{ik}}{\partial w_{jl}} = -\sum_{i=1}^{n}\sum_{k=1}^{c} y_{ik}\frac{\partial\log(\varphi_{ik})}{\partial\varphi_{ik}}\sum_{p=1}^{c}\frac{\partial\varphi_{ik}}{\partial z_{ip}}\frac{\partial z_{ip}}{\partial w_{jl}}$$

$$= -\sum_{i=1}^{n}\sum_{k=1}^{c} y_{ik}\frac{\partial\log(\varphi_{ik})}{\partial\varphi_{ik}}\sum_{p=1}^{c}\frac{\partial\varphi_{ik}}{\partial z_{ip}}\frac{\partial(x_{ip}w_{qp}+b_p)}{\partial w_{jl}} = -\sum_{i=1}^{n}\sum_{k=1}^{c} y_{ik}\frac{\partial\log(\varphi_{ik})}{\partial\varphi_{ik}}\frac{\partial\varphi_{ik}}{\partial z_{il}}x_{ij}$$

$$= -\sum_{i=1}^{n}\sum_{k=1}^{c} y_{ik}\frac{1}{\varphi_{ik}}\varphi_{ik}(\delta_{kl}-\varphi_{il})x_{ij} = -\sum_{i=1}^{n}\sum_{k=1}^{c} y_{ik}(\delta_{kl}-\varphi_{il})x_{ij} = -\sum_{i=1}^{n}(y_{il}-\varphi_{il})x_{ij}$$

$$\frac{\partial L}{\partial b_{l}} = -\frac{\partial}{\partial b_{l}}\sum_{i=1}^{n}\sum_{k=1}^{c} y_{ik}\log(\varphi_{ik}) = -\sum_{i=1}^{n}\sum_{k=1}^{c} y_{ik}\frac{\partial}{\partial b_{l}}\log(\varphi_{ik})$$

$$= -\sum_{i=1}^{n}\sum_{k=1}^{c} y_{ik}\frac{\partial\log(\varphi_{ik})}{\partial\varphi_{ik}}\frac{\partial\varphi_{ik}}{\partial b_{l}} = -\sum_{i=1}^{n}\sum_{k=1}^{c} y_{ik}\frac{\partial\log(\varphi_{ik})}{\partial\varphi_{ik}}\sum_{p=1}^{c}\frac{\partial\varphi_{ik}}{\partial z_{ip}}\frac{\partial z_{ip}}{\partial b_{l}}$$

$$= -\sum_{i=1}^{n}\sum_{k=1}^{c} y_{ik}\frac{\partial\log(\varphi_{ik})}{\partial\varphi_{ik}}\sum_{p=1}^{c}\frac{\partial\varphi_{ik}}{\partial z_{ip}}\frac{\partial(x_{ip}w_{qp}+b_p)}{\partial b_{l}} = -\sum_{i=1}^{n}\sum_{k=1}^{c} y_{ik}\frac{\partial\log(\varphi_{ik})}{\partial\varphi_{ik}}\frac{\partial\varphi_{ik}}{\partial z_{il}}$$

$$= -\sum_{i=1}^{n}\sum_{k=1}^{c} y_{ik}\frac{1}{\varphi_{ik}}\varphi_{ik}(\delta_{kl} - \varphi_{il}) = -\sum_{i=1}^{n}\sum_{k=1}^{c} y_{ik}(\delta_{kl} - \varphi_{il}) = -\sum_{i=1}^{n}(y_{il} - \varphi_{il})$$

これらをもとに行列で表記すると（$\boldsymbol{X}$：n行m列の特徴量行列、$\boldsymbol{Y}$：n行c列の目的変量の行列で各要素$\{y_{ij}\}$をもつ）、

$$\frac{\partial L}{\partial \boldsymbol{W}} = \begin{pmatrix} -\sum_{i=1}^{n}(y_{i1} - \varphi_{i1})x_{i1} & \cdots & -\sum_{i=1}^{n}(y_{ic} - \varphi_{ic})x_{i1} \\ \vdots & \ddots & \vdots \\ -\sum_{i=1}^{n}(y_{i1} - \varphi_{i1})x_{im} & \cdots & -\sum_{i=1}^{n}(y_{ic} - \varphi_{ic})x_{im} \end{pmatrix}$$

$$= -\begin{pmatrix} x_{11} & \cdots & x_{n1} \\ \vdots & \ddots & \vdots \\ x_{1m} & \cdots & x_{nm} \end{pmatrix}\begin{pmatrix} y_{11} - \varphi_{11} & \cdots & y_{1c} - \varphi_{1c} \\ \vdots & \ddots & \vdots \\ y_{n1} - \varphi_{n1} & \cdots & y_{nc} - \varphi_{nc} \end{pmatrix} = -\boldsymbol{X}'(\boldsymbol{Y} - \boldsymbol{\varphi})$$

$$\frac{\partial L}{\partial \boldsymbol{b}} = [-\sum_{i=1}^{n}(y_{i1} - \varphi_{i1}) \quad \cdots \quad -\sum_{i=1}^{n}(y_{ic} - \varphi_{ic})]$$

$$= -[1 \quad \cdots \quad 1]\begin{pmatrix} y_{11} - \varphi_{11} & \cdots & y_{1c} - \varphi_{1c} \\ \vdots & \ddots & \vdots \\ y_{n1} - \varphi_{n1} & \cdots & y_{nc} - \varphi_{nc} \end{pmatrix} = -(\boldsymbol{Y} - \boldsymbol{\varphi})$$

パラメータの最適化を行う際は、学習率μを用いて、再帰式

$$\boldsymbol{W}^{(n+1)} = \boldsymbol{W}^{(n)} - \mu\frac{\partial L}{\partial \boldsymbol{W}}$$

$$\boldsymbol{b}^{(\boldsymbol{n}+1)} = \boldsymbol{b}^{(n)} - \mu\frac{\partial L}{\partial \boldsymbol{b}}$$

の計算を繰り返し行うと最適化できます。

6-2　データ処理の例

アヤメのデータで学習させてみました。データはSepal Length(がく片の長さ)、Sepal Width(がく片の幅)、Petal Length(花びらの長さ)、Petal Width(花びらの幅)の4つの特徴量とアヤメの品種Setosa、Versicolor、Virginicaから構成されています。

○リスト6-1：list6-1.R

```
library(dummies)

data(iris)

data=data.frame(iris)

# 学習率
mu=0.0001

# 特徴量行列
X=as.matrix(data[,!(colnames(data) %in% c("Species"))])

# アヤメの種類
Species=unique(data$Species)

# 目的変量の行列
Y=dummy(data$Species)

# 重み係数
W=array(1,dim=c(ncol(X),length(Species)))

# 閾値
b=array(1,dim=c(1,length(Species)))

# 反復計算回数
ite=1000000

for(j in 1:ite){
  Z=t(t(X%*%W)+c(b))

  # 予測確率(ソフトマックス)を入れる箱を用意
  pthi_vec=array(0,dim=c(nrow(Z),length(Species)))

  # 予測確率の導入
  for(i in 1:nrow(Z)){
    pthi_vec[i,]=exp(Z[i,])/sum(exp(Z[i,]))
  }
```

```
↘

  # 重み行列の更新量を計算
  dW=t(X)%*%(Y-pthi_vec)

  #切片の更新量の計算
  db=array(1,dim=c(1,nrow(X)))%*%(Y-pthi_vec)

  # 重みの更新
  W=W+mu*dW

  # 閾値の更新
  b=b+mu*db

  # 交差エントロピーの計算
  cross_entropy=-sum(Y*log(ifelse(pthi_vec>0,pthi_vec,1)))

  print(cross_entropy)
}
```

◯表6-1：実行例（アヤメのデータ）

重み係数：W	Speciessetosa	Speciesversicolor	Speciesvirginica
Sepal.Length	3.861706	1.041184	-1.90289
Sepal.Width	6.492416	0.887863	-4.380279
Petal.Length	-6.828721	1.283399	8.545322
Petal.Width	-2.979122	-3.548955	9.528077

◯表6-2：閾値ベクトル

Speciessetosa	Speciesversicolor	Speciesvirginica
2.328074	12.44735	-11.77543

第7章

Bradley-Terry model

スポーツにおいては、各チームがそれぞれ相手を決めて勝敗を決し、その勝敗数で各チームの強さが問われます。ただ、試合数の数なども含めて比較するには、一概に言いづらいことが多いでしょう。その時に対数尤度関数をもとに、各チームの「強さ」をパラメータとして推定できるモデルがBTモデルになります。このモデルについて、パラメータを準ニュートン法などを用いて4通りの方法で計算します。わずかに違えど、傾向として差異がないことが確認できます。

Bradley-Terry modelとは、ある2組が対戦をして勝ち負けを争った際に各チームの「強さ」を評価するモデルです。各チームが何回か対戦し、そのうちチームiがチームjに勝つ確率を

$$p_{ij} \qquad (i \neq j\ ;\ i,j\text{は各チーム})$$

と表すことにします。チームの強さπ_iをもって、Bradley-Terry modelではp_{ij}を

$$p_{ij} = \frac{\pi_i}{\pi_i + \pi_j}$$

と表します。これが成立しているかどうかを確認する尤度比検定も後で説明します。

Bradley-Terry modelで重要なのは、対戦数がすべて同じ場合は各チームの勝数で判断することは妥当だと考えられますが、各チームの組ごとに対戦数が異なる場合はBradley-Terry modelによる評価のほうが適切だということです。

ここでは具体的な野球のデータ（セ・リーグ）をもとに解説していきます。

7-1 データの説明

プロ野球チームのデータ（1986年）でセ・リーグのデータに関して、そこから各チームの「強さ」$\pi_i(\sum_i \pi_i = k)$を推定する問題を考えます。表7-1と表7-2はデータです[注1]。

○表7-1：勝数のデータ

	広島	巨人	阪神	大洋	中日	ヤクルト	勝数合計
広島	0	14	12	18	15	14	73
巨人	11	0	13	18	17	16	75
阪神	8	11	0	9	16	16	60
大洋	7	7	16	0	11	15	56
中日	8	7	10	13	0	16	54
ヤクルト	12	9	9	11	8	0	49

注1） 竹内啓、藤野和建、『スポーツの数理科学—もっと楽しむための数字の読み方』（森北出版）

○表7-2：総試合数

	広島	巨人	阪神	大洋	中日	ヤクルト
広島	0	25	20	25	23	26
巨人	25	0	24	25	24	25
阪神	20	24	0	25	26	25
大洋	25	25	25	0	24	26
中日	23	24	26	24	0	24
ヤクルト	26	25	25	26	24	0

パラメータを

- チームi、j間の試合数　　　　：n_{ij}
- チームiのjに対する勝数　　　：X_{ij}
- チームiの勝数合計（$\sum_{j\neq i} X_{ij}$）　：T_i

とするとき、尤度は二項分布の同時確率が

$$\Pr\{X_{ij} = x_{ij}\,; i \neq j\,; i,j = 1,2,\dots,m\} = \prod_{i\neq j} \frac{n_{ij}!}{x_{ij}!\,x_{ji}!} p_{ij}^{x_{ij}} p_{ji}^{x_{ji}}$$

となることから、これを先ほどの関係

$$p_{ij} = \frac{\pi_i}{\pi_i + \pi_j}$$

を代入すると

$$\prod_{i<j} \frac{n_{ij}!}{x_{ij}!\,x_{ji}!} (\pi_i + \pi_j)^{-n_{ij}} \prod_i \pi_i^{T_i}$$

となります。よって尤度は、

$$L = const * \prod_{i<j} (\pi_i + \pi_j)^{-n_{ij}} \prod_i \pi_i^{T_i}$$

となります。対数尤度は、

$$\log(L) = \sum_{i=1}^{m} T_i \log(\pi_i) - \sum_{i<j} n_{ij} \log(\pi_i + \pi_j) + const$$

です。

最尤方程式はラグランジュの未定乗数法によって求められます。次式

$$\log(L) - \lambda(\sum_i \pi_i - k)$$

を微分すると、

$$\frac{\partial}{\partial \pi_i}\left(\log(L) - \lambda\left(\sum_i \pi_i - k\right)\right) = \frac{T_i}{\pi_i} - \sum_{i \neq j} \frac{n_{ij}}{\pi_i + \pi_j} - \lambda = 0 \qquad i = 1,2,\dots,m$$

$$\frac{\partial}{\partial \lambda}\left(\log(L) - \lambda\left(\sum_i \pi_i - k\right)\right) = \sum_i \pi_i - k = 0$$

これらの式から、

$$T_i = \sum_{i \neq j} n_{ij} p_{ij} + \lambda \pi_i$$

これを合計すると、$n_{ij} = n_{ji}$だから、

$$\sum_i T_i = \sum_{i<j} n_{ij} = \sum_{i<j} n_{ij} + \lambda k$$

となるので、$\lambda = 0$となります。

最尤方程式を書き直すと、

$$\frac{T_i}{\pi_i} - \sum_{i \neq j} \frac{n_{ij}}{\pi_i + \pi_j} = 0 \qquad i = 1,2,\dots,m$$

$$\sum_i \pi_i - k = 0$$

となります。反復法については、初期値の「強さ」をそれぞれ

$$\pi_1^{(0)}, \pi_2^{(0)}, \dots, \pi_m^{(0)}$$

として、次のサイクルを収束するまで繰り返します。

①$r_i^{(s)} = \sum_{i \neq j} \frac{n_{ij}}{\pi_i^{(s)} + \pi_j^{(s)}}$ を計算する

②$\pi_i^{(s+1)} = \frac{T_i}{r_i^{(s)}}$を計算する

③$\pi_i^{(s+1)} = \frac{k\pi_i^{(s+1)}}{\sum_i \pi_i^{(s+1)}}$を計算する。①に戻る

また、次の仮説、

Bradley-Terry modelが対戦結果について成り立っている($\boldsymbol{p_{ij}} = \frac{\boldsymbol{\pi_i}}{\boldsymbol{\pi_i + \pi_j}}$)

に関しては、尤度比検定に従い、次のように行います。

制約がある(帰無仮説が成立している)場合の対数尤度は

$$l_1 = \sum_{i=1}^{m} T_i \log(\pi_i) - \sum_{i<j} n_{ij} \log(\pi_i + \pi_j) + const$$

制約がない(帰無仮説が成立していない)場合の対数尤度は

$$l_0 = \sum_{i \neq j} X_{ij} \log(X_{ij}) - \sum_{i<j} n_{ij} \log(n_{ij}) + const$$

ただし、制約がない場合に対しては、$p_{ij} = \frac{X_{ij}}{n_{ij}}$となることを使用しています。

ここで検定量(λ：尤度比)

$$-2\log(\lambda) = -2(l_0 - l_1)$$

が自由度$\frac{(m-1)(m-2)}{2}$のカイ二乗分布に従うことから検定できます。

次の仮説、

どのチームの強さも等しい($\boldsymbol{\pi_i}$は一定)

に関しても、同じく尤度比検定を次のように行います。

制約がある(帰無仮説が成立している)場合の対数尤度は

$$l_1 = \sum_{i=1}^{m} T_i \log(\pi_i) - \sum_{i<j} n_{ij} \log\left(\pi_i + \pi_j\right) + const$$

制約がない(帰無仮説が成立していない)場合の対数尤度は

$$l_2 = -\sum_{i<j} n_{ij} \log(2) + const$$

ここで検定量(λ：尤度比)

$$-2\log(\lambda) = -2(l_1 - l_2)$$

が自由度$m-1$のカイ二乗分布に従うことから検定できます。

また、そのほか、Bradley-Terry modelで計算された「強さ」をもとに、ある決められた相手ごとの相対的な「強い」・「弱い」の関係が計算できます。それは、

$$a_{ij} = \log_2(\frac{x_{ij}+0.5}{x_{ji}+0.5}\left(\frac{\pi_i}{\pi_j}\right))$$

として計算した結果が正の値に大きいと有利に、負の値に大きいと不利になります。また、これを可視化する方法としての固有値展開を行うため、

$$A = \begin{pmatrix} a_{11} & \cdots & a_{1m} \\ \vdots & \ddots & \vdots \\ a_{m1} & \cdots & a_{mm} \end{pmatrix}$$

とすると、$A'A$とi番目の固有値μ_iとi番目の固有ベクトル$\boldsymbol{v_i}$によって、

$$A'A\boldsymbol{v_i} = \mu_i^2 \boldsymbol{v_i}$$

と表されます。ただし、$\boldsymbol{v_i} = (v_{i1}、v_{i2}、\ldots、v_{im})'$で$\sum_j v_{ij}^2 = 1$です。

また、行列$A'A$の固有値μ_i^2に対応する長さが1の固有ベクトル$\boldsymbol{u}_i = (u_{i1}、u_{i2}、\ldots、u_{im})'$は

$$\boldsymbol{u}_i = \boldsymbol{A}\boldsymbol{v_i}/\mu_i$$

となり、$\sum_j u_{ij}^2 = 1$です。

以降では具体的なRのコードと出力結果を前述したセ・リーグのデータをもとに紹介していきます。

7-2　仮説検定

モデルの精度の検定 -BT モデルが成り立っているか確認します(**リスト7-1**)。

○リスト7-1：list7-1.R

```
# Bradley-Terry model

# サンプルデータの作成（野球の試合のデータ）
dat1=array(0,dim=c(6,6))

dat1[1,]=c(0,14,12,18,15,14)
dat1[2,]=c(11,0,13,18,17,16)
dat1[3,]=c(8,11,0,9,16,16)
dat1[4,]=c(7,7,16,0,11,15)
dat1[5,]=c(8,7,10,13,0,16)
dat1[6,]=c(12,9,9,11,8,0)

rownames(dat1)=c("広島","巨人","阪神","大洋","中日","ヤクルト")
colnames(dat1)=c("広島","巨人","阪神","大洋","中日","ヤクルト")


# 総試合数のデータ
nij=array(0,dim=c(6,6))

for(i in 1:6){
  for(j in 1:6){
    nij[i,j]=dat1[i,j]+dat1[j,i]
  }
}

# 勝数
t=apply(dat1,1,sum)

# 各チームの強さの平均が50になるようにする
k=300

# パラメータの初期値
pi=k*rep(1/6,6)

# 反復計算回数
ite=100

for(l in 1:ite){
  #以前のパラメータを保存
  pi_pre=pi
  r=c()
```

```
↘
  for(i in 1:length(pi)){
    pi_sub=pi[-i]
    ri=sum(nij[i,-i]/(pi[i]+pi_sub))
    r=c(r,ri)
  }
  pi_sub=t/r

  #パラメータの更新
  pi=k*pi_sub/sum(pi_sub)
  pi_mat=array(0,dim=c(length(pi),length(pi)))

  for(i in 1:length(pi)){
    pi_mat[i,]=pi[i]+pi
  }

  diag(pi_mat)=1
  l_sub=as.matrix(nij)*log(pi_mat)
  l_sub=sum(l_sub)/2

  # 対数尤度
  l=sum(t*log(pi))-l_sub

  print(l)
}

pij=array(0,dim=c(length(pi),length(pi)))

for(j in 1:length(pi)){
  pij[j,-j]=pi[j]/(pi[j]+pi[-j])
}

# BTモデルの検定(尤度比検定)
l0=dat1*log(dat1);diag(l0)=0
l0=sum(l0)-sum((nij*log(nij))[upper.tri(nij*log(nij))])

# 帰無仮説　モデルの精度の検定-BTモデルがなりたっているか
kai=2*(l0-l)
v=(length(pi)-1)*(length(pi)-2)/2
qchisq(1-0.05,df=v)

# H：pi=一定
l2=-sum(nij[upper.tri(nij)]*log(2))
v=(length(pi)-1)
kai2=2*(l-l2)
qchisq(1-0.05,v)

# 表2.4
aij=array(0,dim=c(length(pi), length(pi)))
for(i in 1: length(pi)){
  for(j in 1: length(pi)){
    aij[i,j]=log2(((dat1[i,j]+0.5)*pi[j])/((dat1[j,i]+0.5)*pi[i]))
  }
                                                                    ↘
```

```
↘
}

mu2=eigen(t(aij)%*%aij)$values
v=eigen(t(aij)%*%aij)$vectors
u=t(t(aij%*%v)/sqrt(mu2))
```

◆出力結果(リスト7-1)

○表7-3：強さ π_i

計算結果	広島	巨人	阪神	大洋	中日	ヤクルト
強さ	70.5918	69.87553	47.04293	40.03548	39.72862	32.72563

○表7-4：勝つ確率 p_{ij}

	広島	巨人	阪神	大洋	中日	ヤクルト
広島	0	0.50255	0.600093	0.638105	0.63988	0.683252
巨人	0.49745	0	0.597643	0.635746	0.637526	0.68104
阪神	0.399907	0.402357	0	0.540236	0.542147	0.589743
大洋	0.361895	0.364254	0.459764	0	0.501924	0.550232
中日	0.36012	0.362474	0.457853	0.498076	0	0.548327
ヤクルト	0.316748	0.31896	0.410257	0.449768	0.451673	0

○出力結果(検定の結果)

```
> #帰無仮説　モデルの精度の検定-BTモデルがなりたっているか
>
> kai=2*(l0-l)
>
> kai
[1] 11.06348
>
> v=(length(pi)-1)*(length(pi)-2)/2
>
> qchisq(1-0.05,df=v)
[1] 18.30704
>
> #H:pi=一定
>
> l2=-sum((nij[upper.tri(nij)])*log(2))
>
> v=(length(pi)-1)
↘
```

```
↘
>
> kai2=2*(l-l2)
>
> kai2
[1] 17.76374
>
> qchisq(1-0.05,v)
[1] 11.0705
>
```

○表7-5：関係の強さ（a_{ij}）

	広島	巨人	阪神	大洋	中日	ヤクルト
広島	0	0.319706	-0.02913	0.484341	0.037412	-0.89496
巨人	-0.31971	0	-0.33948	0.499054	0.407784	-0.2979
阪神	0.029129	0.339484	0	-1.02917	0.408278	0.272909
大洋	-0.48434	-0.49905	1.029166	0	-0.24243	0.139776
中日	-0.03741	-0.40778	-0.40828	0.242426	0	0.677173
ヤクルト	0.894955	0.2979	-0.27291	-0.13978	-0.67717	0

○表7-6：行列$A'A$の固有値と行列Aの特異値

固有値	2.30317	2.30317	1.293376	1.293376	4.38362E-06	4.38362E-06
特異値	1.51762	1.51762	1.137267	1.137267	0.002093711	0.002093711

7-3　各反復法

◆ Broyden Quasi-Newton Algorithm

Bradley-Terry modelのパラメータになる「強さ」に対して、準ニュートン法であるBroyden Quasi-Newton Algorithmでも計算できました（リスト7-2）。

○リスト7-2：list7-2.R

```
# Bradley-Terry model

dat1=array(0,dim=c(6,6))
dat1[1,]=c(0,14,12,18,15,14)
dat1[2,]=c(11,0,13,18,17,16)
dat1[3,]=c(8,11,0,9,16,16)
dat1[4,]=c(7,7,16,0,11,15)
dat1[5,]=c(8,7,10,13,0,16)
dat1[6,]=c(12,9,9,11,8,0)

nij=array(0,dim=c(6,6))
for(i in 1:6){
  for(j in 1:6){
    nij[i,j]=dat1[i,j]+dat1[j,i]
  }
}

t=apply(dat1,1,sum)
k=300

# Broyden Quasi-Newton Algorithm

# 関数定義（最尤方程式）
f<-function(x){
  pi=x
  f1=c()
  for(i in 1:length(x)){
    f1=c(f1,t[i]/pi[i]-sum(nij[i,-i]/(pi[i]+pi[-i])))
  }
  return(c(f1))
}

X=k*rep(1/6,6)
ite=10000
eta=0.001
H=diag(f(X))

for(l in 1:ite){
  if(sum(abs(f(X)))>10^(-9)){
    X_pre=X
    X=X-eta*H%*%f(X)
    X=k*X/sum(X)
    s=X-X_pre
    y=f(X)-f(X_pre)
    H=H+((s-H%*%y)/as.numeric(t(s)%*%H%*%y))%*%t(s)%*%H
    print(sum(abs(f(X))))
  }
}
```

○表7-7：リスト7-2の計算結果（強さ）

	広島	巨人	阪神	大洋	中日	ヤクルト
強さ	70.59076	69.87465	47.03891	40.03768	39.73084	32.72715

◆fiacco, mccormick(1968)、murtagh, sargent(1969)

fiacco, mccormick(1968)、murtagh, sargent(1969)の方法でBradley-Terry modelのパラメータになる「強さ」に対して計算しました(リスト7-3)。

○リスト7-3：list7-3.R

```
# Bradley-Terry model

dat1=array(0,dim=c(6,6))

dat1[1,]=c(0,14,12,18,15,14)
dat1[2,]=c(11,0,13,18,17,16)
dat1[3,]=c(8,11,0,9,16,16)
dat1[4,]=c(7,7,16,0,11,15)
dat1[5,]=c(8,7,10,13,0,16)
dat1[6,]=c(12,9,9,11,8,0)

nij=array(0,dim=c(6,6))
for(i in 1:6){
  for(j in 1:6){
    nij[i,j]=dat1[i,j]+dat1[j,i]
  }
}

t=apply(dat1,1,sum)
k=300

# fiacco, mccormick(1968)、murtagh, sargent(1969)

# 関数定義
f=function(x){
  pi=x
  f1=c()
  for(i in 1:length(x)){
    f1=c(f1,t[i]/pi[i]-sum(nij[i,-i]/(pi[i]+pi[-i])))
  }
  return(c(f1))
}

# 初期値
X=k*rep(1/6,6)

# ヘッシアンの近似行列の初期値
H=diag(1,length(X))

# 反復計算回数
ite=100000
```

```
↘
# 最小点から非常にかけ離れた点になるのを防ぐためのスカラ
eta=10^(-2)

for(l in 1:ite){
  # 各代数方程式の値が入ったベクトル
  f_val=f(X)

  # 座標点に対する更新量ベクトル
  sigma=t(t(-H%*%f_val))

  # etaによって学習幅を設定し座標点を更新
  X=X+eta*sigma
  X=k*X/sum(X)

  # 以前の座標点と更新された座標点の関数値の差のベクトル(y)
  y=f(X)-f_val

  # ヘッシアンの逆行列の近似行列の更新
  H=H+(eta*sigma-H%*%y)%*%t(eta*sigma-H%*%y)/as.numeric(t(y)%*%(eta*sigma-H%*%y))

  print(f(X))
}
```

○表7-8：リスト7-3の計算結果（強さ）

	広島	巨人	阪神	大洋	中日	ヤクルト
強さ	69.82488	70.31438	47.36204	40.69893	39.10445	32.69531

◆ levenberg(1944)

同様にlevenberg(1944)についてもパラメータを計算してみます（**リスト7-4**）。

○リスト7-4：list7-4.R

```
# Bradley-Terry model

dat1=array(0,dim=c(6,6))

dat1[1,]=c(0,14,12,18,15,14)
dat1[2,]=c(11,0,13,18,17,16)
dat1[3,]=c(8,11,0,9,16,16)
dat1[4,]=c(7,7,16,0,11,15)
dat1[5,]=c(8,7,10,13,0,16)
dat1[6,]=c(12,9,9,11,8,0)
                                                  ↘
```

```
↘
nij=array(0,dim=c(6,6))
for(i in 1:6){
  for(j in 1:6){
    nij[i,j]=dat1[i,j]+dat1[j,i]
  }
}

t=apply(dat1,1,sum)
k=300

# levenberg (1944)

# 関数定義
f=function(x){
  pi=x
  f1=c()
  for(i in 1:length(x)){
    f1=c(f1,t[i]/pi[i]-sum(nij[i,-i]/(pi[i]+pi[-i])))
  }
  return(c(f1))
}

# 初期値
X=k*rep(1/6,6)

# 反復計算回数
ite=100000

# 学習率
eta=10^(-2)

# 差分メッシュ
h=0.01

# 正の小さいスカラ
w=0.01

for(l in 1:ite){
  # ヤコビアンを計算する箱を用意
  df=array(0,dim=c(length(X),length(X)))

  # 1次差分を用いて数値微分し、ヤコビアンを計算する
  for(j in 1:length(X)){
    vec=X;vec[j]=vec[j]+h
    df[j,]=(f(vec)-f(X))/h
  }

  # 逆行列が特異にならないよう、対角成分をwで調整
  A=df%*%t(df)+diag(w,length(X))
  y=df%*%f(X)

  # 座標点更新の際に必要なベクトルを計算 (逆行列に関しては特異値分解で計算)
  dx=svd(A)$u%*%diag(1/svd(A)$d)%*%t(svd(A)$v)%*%(-y)
                                                              ↘
```

```
↘

  # 学習幅に従って座標点を更新
  X=X+eta*dx
  X=k*X/sum(X)

  print(f(X))
}
```

○表7-9：リスト7-4の計算結果（強さ）

	広島	巨人	阪神	大洋	中日	ヤクルト
強さ	70.58367	69.8826	47.04351	40.03565	39.72886	32.72571

第8章

主成分分析

データの次元圧縮の方法として一般的な主成分分析について紹介します。線形結合をもとに新しい変数へ要約し、寄与率によってデータに対する各主成分の影響力を確認できます。この方法が固有値展開によって計算可能なことはよく知られていますが、本章では、ラグランジュ関数をもとに準ニュートン法を用いた方法での簡単なプログラムも用意しています。

主成分分析はもとの変数の線形結合で表すことのできる、新しい変数へ要約する方法です。この要約によって次元圧縮を行い、データの可視化を行います。次元圧縮により元のデータをどれくらい再現できているかを計る寄与率は固有値、データを再現する座標は固有ベクトルによって表現されます。

図8-1は2次元データの2つの射影軸への射影とその散らばる範囲を模写したものです。見てのとおり、(a)と(b)では散らばる範囲が(a)のほうが広いので、こちらの分散のほうが大きくなります。このように、分散の最も大きくなる射影軸をそれぞれ直行するように選んでいった各射影軸をそれぞれ第1主成分、第2主成分……といいます。

○図8-1：2次元データの2つの射影軸への射影とその散らばる範囲

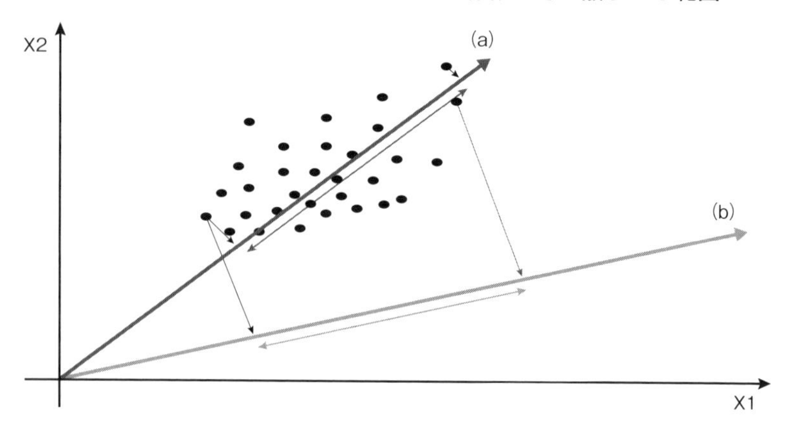

8-1　主成分導出

特徴量の数がp個の場合、すなわち、$\boldsymbol{x} = (x_1, x_2, \dots, x_p)$とします。このようなデータが$n$個観測されたとき、標本分散共分散行列$S$とその要素$s_{jk} = \frac{1}{n}\sum_{i=1}^{n}(x_{ij} - \overline{x_j})(x_{ik} - \overline{x_k})$を計算することで得られます。

射影軸は

$$y = w_1 x_1 + w_2 x_2 + \cdot \cdot \cdot + w_p x_p = \boldsymbol{w}\boldsymbol{x}'$$

となります。ただし、$\boldsymbol{w}=(w_1,w_2,\dots w_p)$。この$y$についての分散は

$$s_y^2=\frac{1}{n}\sum_{i=1}^{n}(y_i-\bar{y})^2=\frac{1}{n}\sum_{i=1}^{n}(\boldsymbol{w}\boldsymbol{x}_i'-\boldsymbol{w}\overline{\boldsymbol{x}})^2=\boldsymbol{w}\frac{1}{n}\sum_{i=1}^{n}(\boldsymbol{x}_i'-\overline{\boldsymbol{x}})(\boldsymbol{x}_i'-\overline{\boldsymbol{x}})'\boldsymbol{w}'=\boldsymbol{w}'S\boldsymbol{w}$$

です。$\overline{\boldsymbol{x}}=(\overline{x_1},\overline{x_2},\dots,\overline{x_p})'$は各特徴量の平均値のベクトルで、この分散が最大になる射影軸を探していたことになります。

標本分散共分散行列Sの固有ベクトルをそれぞれ

$$\boldsymbol{w}_1=\begin{pmatrix}w_{11}\\w_{12}\\\dots\\w_{1p}\end{pmatrix}、\boldsymbol{w}_2=\begin{pmatrix}w_{21}\\w_{22}\\\dots\\w_{2p}\end{pmatrix}、\dots、\boldsymbol{w}_p=\begin{pmatrix}w_{p1}\\w_{p2}\\\dots\\w_{pp}\end{pmatrix}$$

とします。これらはそれぞれについて

- **正規化**：$\boldsymbol{w}_i'\boldsymbol{w}_i=1\quad i=1,2,\dots,p$
- **直行化**：$\boldsymbol{w}_i'\boldsymbol{w}_j=0\quad i\neq j$

が成り立っています。

主成分で表すと、各主成分に対応する固有値

$$\lambda_1\geq\lambda_2\geq\cdots\geq\lambda_p\geq 0$$

をもって、

- **第1主成分**：$y_1=w_{11}x_1+w_{12}x_2+\cdot\cdot\cdot+w_{1p}x_p=\boldsymbol{w}_1'\boldsymbol{x}'\qquad \mathrm{var}(y_1)=\lambda_1$
- **第2主成分**：$y_2=w_{21}x_1+w_{22}x_2+\cdot\cdot\cdot+w_{2p}x_p=\boldsymbol{w}_2'\boldsymbol{x}'\qquad \mathrm{var}(y_2)=\lambda_2$
- **第3主成分**：$y_3=w_{31}x_1+w_{32}x_2+\cdot\cdot\cdot+w_{3p}x_p=\boldsymbol{w}_3'\boldsymbol{x}'\qquad \mathrm{var}(y_3)=\lambda_3$

  ⋮
- **第p主成分**：$y_p=w_{p1}x_1+w_{p2}x_2+\cdot\cdot\cdot+w_{pp}x_p=\boldsymbol{w}_p'\boldsymbol{x}'\qquad \mathrm{var}(y_p)=\lambda_p$

となります。また、

$$W=(\boldsymbol{w}_1,\boldsymbol{w}_2,\dots,\boldsymbol{w}_p)\qquad \rho=\begin{pmatrix}\lambda_1&\cdots&0\\\vdots&\ddots&\vdots\\0&\cdots&\lambda_p\end{pmatrix}:\text{対角行列}$$

に対し、次のことが成り立ちます。

❶ $SW=W\rho$、$W'W=I_p$（I_pはp次単位行列）
❷ 対角化：$W'SW=\rho$
❸ スペクトル分解：$S=W'\rho W=\sum_{i=1}^{p}\lambda_i \boldsymbol{w}_i\boldsymbol{w}_i'$
❹ $tr(S)=tr(\rho)$（$tr(\cdot)$は対角線上の値の合計を表す）

この例では標本分散共分散行列をもとに行いましたが、特徴量ごとに測定単位の大きさが異なる場合には相関行列をもとにして、同様に固有値、固有ベクトルを計算し、主成分を求めるほうが適切です。

相関行列の場合は各特徴量について、標準化したものについて標本分散共分散行列を求めることと同じことになります。

8-2　ラグランジュ関数をもとにした考え方

同じ標本分散共分散行列Sを用いて、ラグランジュ関数は

$$L(\boldsymbol{w},\lambda)=\boldsymbol{w}'S\boldsymbol{w}+\lambda(1-\boldsymbol{w}'\boldsymbol{w})$$

ただし、$\boldsymbol{w}=(w_1,w_2,\dots w_p)'$で$\lambda$はラグランジュ乗数。偏微分すると、

$$\frac{\partial L(\boldsymbol{w},\lambda)}{\partial \boldsymbol{w}}=2S\boldsymbol{w}-2\lambda\boldsymbol{w}=\boldsymbol{0}$$

$$\frac{\partial L(\boldsymbol{w},\lambda)}{\partial \lambda}=1-\boldsymbol{w}'\boldsymbol{w}=0$$

となり、それぞれ、

- $S\boldsymbol{w}=\lambda\boldsymbol{w}$：固有方程式
- $\boldsymbol{w}'\boldsymbol{w}=1$：正規化

を表していて、第1主成分の固有ベクトル・固有値を求める条件に一致する。第2主成分を計算するにはラグランジュ関数を

$$L(\boldsymbol{w},\lambda,\gamma)=\boldsymbol{w}'S\boldsymbol{w}+\lambda(1-\boldsymbol{w}'\boldsymbol{w})+\gamma\boldsymbol{w}_1'\boldsymbol{w}$$

として計算します。

偏微分すると、

$$\frac{\partial L(\boldsymbol{w},\lambda,\gamma)}{\partial \boldsymbol{w}} = 2S\boldsymbol{w} - 2\lambda\boldsymbol{w} + \gamma\boldsymbol{w}_1 = \boldsymbol{0}$$

$$\frac{\partial L(\boldsymbol{w},\lambda,\gamma)}{\partial \lambda} = 1 - \boldsymbol{w}^{'}\boldsymbol{w} = 0$$

$$\frac{\partial L(\boldsymbol{w},\lambda,\gamma)}{\partial \gamma} = \boldsymbol{w}_1'\boldsymbol{w} = 0$$

上記式より、$\boldsymbol{w}_1'$を乗じて、

$$\boldsymbol{w}_1'(2S\boldsymbol{w} - 2\lambda\boldsymbol{w} + \gamma\boldsymbol{w}_1) = 2\boldsymbol{w}_1'S\boldsymbol{w} - 2\lambda\boldsymbol{w}_1'\boldsymbol{w} + \gamma\boldsymbol{w}_1'\boldsymbol{w}_1$$

となるので、

$$2\boldsymbol{w}_1'S\boldsymbol{w} - 2\lambda\boldsymbol{w}_1'\boldsymbol{w} + \gamma\boldsymbol{w}_1'\boldsymbol{w}_1 = 2\boldsymbol{w}_1'S\boldsymbol{w} + \gamma$$

また、固有方程式

$$S\boldsymbol{w}_1 = \lambda\boldsymbol{w}_1$$

から、

$$\boldsymbol{w}_1'S\boldsymbol{w} = \lambda\boldsymbol{w}_1'\boldsymbol{w} = 0$$

なので、$\gamma = 0$が導かれます。

これらをまとめると、

- $S\boldsymbol{w} = \lambda\boldsymbol{w}$ ：**固有方程式**
- $\boldsymbol{w}'\boldsymbol{w} = 1$ ：**正規化**
- $\boldsymbol{w}_1'\boldsymbol{w} = 0$ ：**直行化**

の3条件をもとに第2主成分の固有ベクトルと固有値が計算されます。第3主成分などに関しても同様です。

8-3 固有値、および固有ベクトルの計算

ここではサンプルデータ(表8-1、表8-2)をもとに計算したRコードについて説明します(リスト8-1)。

固有値、および固有ベクトルの計算を固有値展開で解く方法と準ニュートン法によるラグランジュ関数の最適化における方法(第2主成分までのサンプル)の2つの方法で紹介します注1。

○表8-1：分散共分散行列

	身長	体重	胸囲	座高
身長	19.94	10.5	6.59	8.63
体重	10.5	23.56	19.71	7.97
胸囲	6.59	19.71	20.95	3.93
座高	8.63	7.97	3.93	7.55

○表8-2：各特徴量の平均・分散・標準偏差

	average	variance	standard_deviation
x1（身長）	149.06	19.94	4.47
x2（体重）	40.26	23.56	4.85
x3（胸囲）	73.98	20.95	4.58
x4（座高）	80.02	7.55	2.75

○リスト8-1：list8-1.R

```
# 分散共分散行列と平均・標準偏差・分散
data=data.frame(list=c("x1(身長)","x2(体重)","x3(胸囲)","x4(座高)"),average=c(149.0
6,40.26,73.98,80.02),variance=c(19.94,23.56,20.95,7.55),standard_deviation
=c(4.47,4.85,4.58,2.75))

variance_covariance_matrix=matrix(c(19.94,10.5,6.59,8.63,10.5,23.56,19.71,7.97,6.5
9,19.71,20.95,3.93,8.63,7.97,3.93,7.55),ncol=4,nrow=4)
```

注1) 小西貞則『多変量解析入門――線形から非線形へ』(岩波書店)、河口至商『多変量解析入門Ⅰ』(森北出版)

```
↘
# 固有値、固有ベクトル
eigen_value=eigen(variance_covariance_matrix)$values
eigen_vector=eigen(variance_covariance_matrix)$vectors

# 累積寄与率と寄与率
propotion=eigen_value/sum(diag(variance_covariance_matrix))
accumulated_propotion=cumsum(propotion)

cov_mat=variance_covariance_matrix

# iterationによるラグランジュ関数の最適化による例

# 1回目（第1固有値、第1固有ベクトル）
# Broyden Quasi-Newton Algorithm
f<-function(x){
  lam=x[1];x=t(t(c(x[-1])))
  f1=2*cov_mat%*%x-2*lam*x
  f2=1-t(x)%*%x
  return(c(f1,f2))
}

X=rep(3,ncol(cov_mat)+1)
ite=10000;eta=0.01
H=diag(f(X))

for(l in 1:ite){
  if(sum(abs(f(X)))>10^(-9)){
    X_pre=X
    X=X-eta*H%*%f(X)
    s=X-X_pre
    y=f(X)-f(X_pre)
    H=H+((s-H%*%y)/as.numeric(t(s)%*%H%*%y))%*%t(s)%*%H
    print((f(X)))
  }
}

# 第1固有値
lam1=X[1]

# 第1固有ベクトル
w1=X[-1]

# 2回目（第2固有値、第2固有ベクトル）
# Broyden Quasi-Newton Algorithm
f<-function(x){
  lam=x[1];r=x[2];x=t(t(c(x[-c(1:2)])))
  f3=2*cov_mat%*%x-2*lam*x+r*w1
  f1=1-t(x)%*%x
  f2=sum(w1*x)
  return(c(f1,f2,f3))
}
↘
```

```
↘
X=rep(2.5,ncol(cov_mat)+2)
ite=100000;eta=0.01
H=diag(f(X))

for(l in 1:ite){
  if(sum(abs(f(X)))>10^(-9)){
    X_pre=X
    X=X-eta*H%*%f(X)
    s=X-X_pre
    y=f(X)-f(X_pre)
    H=H+((s-H%*%y)/as.numeric(t(s)%*%H%*%y))%*%t(s)%*%H
    print(sum(abs(f(X))))
  }
}

# 第2固有値
lam2=X[1]

#第2固有ベクトル
w2=X[-c(1:2)]
```

○表8-3：固有ベクトル

	V1	V2	V3	V4
x1（身長）	-0.42204	0.780996	-0.4494	-0.09982
x2（体重）	-0.65752	-0.22528	0.363729	-0.62018
x3（胸囲）	-0.56787	-0.474	-0.40913	0.534284
x4（座高）	-0.259	0.338549	0.705938	0.565644

○表8-4：固有値・寄与率・累積寄与率

	固有値	寄与率	累積寄与率
第1主成分	50.46176	0.700858	0.7008577
第2主成分	16.6526	0.231286	0.9321439
第3主成分	3.884914	0.053957	0.986101
第4主成分	1.000729	0.013899	1

第9章

2元表の解析モデル

回帰モデルの応用として、2元表の解析モデルを説明します。問題児と報告された母親についてのデータを用いて、準ニュートン法・重み付き最小二乗法で計算し、同じような傾向が確認できることを確かめます。

9-1　主効果と交互作用を含めた回帰モデル

主効果と交互作用を含めた回帰モデルを考えます。重み付き最小二乗法をもとに正規方程式によってパラメータの計算ができ、かつ、その他の反復法でも同様の結果が得られることを紹介します。

2元表の各セルの観測値n_{ij}が2項分布$B(r_{ij}, p_{ij})$に従うとします。ただし、観測値n_{ij}が2項分布$B(r_{ij}, p_{ij})$に従うとは、確率変数N_{ij}に対し、

$$\Pr\left(N_{ij} = n_{ij}\right) = \binom{r_{ij}}{n_{ij}} p_{ij}^{n_{ij}} (1 - p_{ij})^{r_{ij} - n_{ij}}$$

となる確率をもつことを意味します。

これより、同時分布は

$$\Pr\left(N_{ij} = n_{ij}\,; i = 1,2,\dots,a、\ j = 1,2,\dots,b\right) = \prod_{i,j} \binom{r_{ij}}{n_{ij}} p_{ij}^{n_{ij}} (1 - p_{ij})^{r_{ij} - n_{ij}}$$

となります。

確率p_{ij}に対しロジスティック変換を考え、次の式が成立するとします。

$$\log\left(\frac{p_{ij}}{1 - p_{ij}}\right) = \mu + \alpha_i + \beta_j + \gamma_{ij}$$

μは全体での基準、α_iおよびβ_jは主効果、γ_{ij}は交互作用を表します。また、これらパラメータは対応が1対1になるように次の制約があるとします。

$$\alpha_a = 0、\ \beta_b = 0$$

$$\gamma_{aj} = 0、\ j = 1,2,\dots\ ,b$$

$$\gamma_{ib} = 0、\ i = 1,2,\dots\ ,a$$

この変換により得られるp_{ij}は新たに、

$$p_{ij} = \frac{\exp\left(\mu + \alpha_i + \beta_j + \gamma_{ij}\right)}{1 + \exp\left(\mu + \alpha_i + \beta_j + \gamma_{ij}\right)}$$

と表せます。これら変換をもとに同時分布は新たに

$$\Pr\left(N_{ij} = n_{ij}\,; i = 1,2,\dots,a、\ j = 1,2,\dots,b\right)$$

$$= (\prod_{i,j} \binom{r_{ij}}{n_{ij}} (1 - p_{ij})^{r_{ij}}) \exp (n_{..} \mu + \sum_{i=1}^{a-1} n_{i \cdot} \alpha_{i \cdot} + \sum_{j=1}^{b-1} n_{\cdot j} \beta_{\cdot j} + \sum_{i=1}^{a-1} \sum_{j=1}^{b-1} n_{ij} r_{ij})$$

と表せます。ただし、$n_{..} = \sum_{i,j} n_{ij}$、$n_{i \cdot} = \sum_j n_{ij}$、$n_{\cdot j} = \sum_i n_{ij}$。

次に帰無仮説として交互作用がない、すなわち

$$H\colon \gamma_{ij} = 0、i = 1,2, \dots \ , a - 1 \ ; \ j = 1,2, \dots \ , b - 1$$

としたとき、データとの当てはまり具合として、尤度比検定および経験ロジスティック変換の回帰模型を考えます。

9-2 尤度比検定

ここでは帰無仮説の下で考えます。交互作用を含む場合の最尤推定量は

$$p_{ij} = \frac{n_{ij}}{r_{ij}}$$

です。帰無仮説の下での対数尤度は

$$\log(L) = const - \sum_{i,j} \gamma_{ij} \log (1 + \exp (\mu + \alpha_i + \beta_j)) + n_{..} \mu + \sum_{i=1}^{a-1} n_{i \cdot} \alpha_{i \cdot} + \sum_{j=1}^{b-1} n_{\cdot j} \beta_{\cdot j}$$

偏微分により得られる式は、

$$\frac{\partial \log (L)}{\partial \mu} = - \sum_{i,j} \gamma_{ij} \frac{\exp\left(\mu + \alpha_i + \beta_j \right)}{1 + \exp\left(\mu + \alpha_i + \beta_j \right)} + n_{..} = 0$$

$$\frac{\partial \log (L)}{\partial \alpha_i} = - \sum_{j} \gamma_{ij} \frac{\exp\left(\mu + \alpha_i + \beta_j \right)}{1 + \exp\left(\mu + \alpha_i + \beta_j \right)} + n_{i.} = 0$$

$$\frac{\partial \log (L)}{\partial \beta_j} = - \sum_{i} \gamma_{ij} \frac{\exp\left(\mu + \alpha_i + \beta_j \right)}{1 + \exp\left(\mu + \alpha_i + \beta_j \right)} + n_{.j} = 0$$

これら連立方程式を解くことでμ、α_1、α_2、…、α_a、β_1、β_2、…、β_bの最尤推定量が得られます。この解法は、リスト9-1では準ニュートン法を用いて計算されています。

これら最尤推定量によってもたらされた$\widehat{p_{ij}}$をもとに

$$m_{ij} = r_{ij}\widehat{p_{ij}} = r_{ij}\frac{\exp(\hat{\mu} + \widehat{\alpha}_i + \widehat{\beta}_j)}{1 + \exp(\hat{\mu} + \widehat{\alpha}_i + \widehat{\beta}_j)}$$

m_{ij}はn_{ij}をもとにモデルによって推定された値です。

また、m_{ij}について合計を

$$m_{..} = \sum_{i,j} m_{ij}、\ m_{i.} = \sum_{j} m_{ij}、\ m_{.j} = \sum_{i} m_{ij}$$

とすれば、n_{ij}との関係について次式が成立します。

- $m_{..} = n_{..}$
- $m_{i.} = n_{i.}$
- $m_{.j} = n_{.j}$

また、尤度比検定の検定統計量は

$$2\left(\sum_{i,j} n_{ij} \log\left(\frac{n_{ij}}{m_{ij}}\right) + \sum_{i,j}\left(r_{ij} - n_{ij}\right) \log\left(\frac{r_{ij} - n_{ij}}{r_{ij} - m_{ij}}\right)\right)$$

で自由度は

$$ab - (1 + a - 1 + b - 1) = (a - 1)(b - 1)$$

です。

◆ データの説明

子供が問題児と報告された母親について、その子供の出産前に死産などの出産事故があったかどうかを調べ、対象群と比較しました。また、出産事故の起きた子供が何番目の子供だったかを比べるため、データとしてまとめられたものを使用しました[注1](表9-1、表9-2)。

- n_{ij}：以前出産事故のあった母親の総数
- r_{ij}：母親の総数

○図9-1：以前出産事故のあった母親の総数(n_{ij})

	2番目	3-4番目	5番目
問題児	20	26	27
対象群	10	16	14

○図9-2：母親の総数(r_{ij})

	2番目	3-4番目	5番目
問題児	102	67	49
対象群	64	46	37

◆準ニュートン法

◆ fiacco, mccormick(1968)、murtagh, sargent(1969)

○出力結果(リスト9-1)

```
> mu μ̂
[1] -0.303239

> alpha α̂ = (α̂1,α̂2,… ,α̂a)
[1] 0.3672471   0.0000000

> beta β̂ = (β̂1 β̂2     β̂b)
[1] -1.4439058    -0.4438213     0.0000000

> #尤度比検定の統計量
> 2*sum(nij*log(nij/mij_hat)+sum((rij-nij)*log((rij-nij)/(rij-mij_hat))))
[1] 2.660898
>
```

注1) 広津千尋『離散データ解析』(教育出版)

```
↘
> #自由度
> df=(a-1)*(b-1)
>
> #分位点(有意差なし)
> qchisq(1-0.05,df)
[1] 5.991465
```

○図9-3：リスト9-1の計算結果 ($\widehat{p_{ij}}$)

	2番目	3-4番目	5番目
問題児	0.201025	0.406172	0.515997
対象群	0.148408	0.321462	0.424766

○図9-4：リスト9-1の計算結果 (m_{ij})

	2番目	3-4番目	5番目
問題児	20.50459	27.21352	25.28383
対象群	9.498092	14.78726	15.71634

○リスト9-1：list9-1.R

```
# 母親の総数
rij=matrix(c(102,64,67,46,49,37),ncol=3)

# 以前出産事故のあった母親の総数
nij=matrix(c(20,10,26,16,27,14),ncol=3)

a=nrow(rij);b=ncol(rij)

f=function(x){
  mu=x[1];x=x[-1]
  alpha=x[1:a];x=x[-c(1:a)];
  beta=x;
  mat_ab=array(0,dim=c(a,b))
  for(i in 1:a){
    for(j in 1:b){
      mat_ab[i,j]=rij[i,j]*exp(mu+alpha[i]+beta[j])/(1+exp(mu+alpha[i]+beta[j]))
    }
  }

  mat_a=-apply(mat_ab,1,sum)+apply(nij,1,sum)
  mat_a[length(mat_a)]=0
  mat_b=-apply(mat_ab,2,sum)+apply(nij,2,sum)
                                                                              ↘
```

```
↘
  mat_b[length(mat_b)]=0
  mat_ab=-sum(mat_ab)+sum(nij)
  return(c(mat_ab,mat_a,mat_b))
}

# fiacco, mccormick (1968)、murtagh, sargent (1969)

# 初期値
X=rep(0,a+b+1)

# ヘッシアンの近似行列の初期値
H=diag(1,length(X))

# 反復計算回数
ite=10000

# 最小点から非常にかけ離れた点になるのを防ぐためのスカラ
eta=10^(-3)

for(l in 1:ite){
  # 各代数方程式の値が入ったベクトル
  f_val=f(X)

  # 座標点に対する更新量ベクトル
  sigma=t(t(-H%*%f_val))

  # etaによって学習幅を設定し座標点を更新
  X=X+eta*sigma

  # 以前の座標点と更新された座標点の関数値の差のベクトル (y)
  y=f(X)-f_val

  # ヘッシアンの逆行列の近似行列の更新
  H=H+(eta*sigma-H%*%y)%*%t(eta*sigma-H%*%y)/as.numeric(t(y)%*%(eta*sigma-H%*%y))

  print(f(X))
}

# 計算結果から主効果等のパラメータを取り出す
mu=X[1];X=X[-1];alpha=X[1:a];X=X[-c(1:a)];beta=X

pij=array(0,dim=c(a,b))
for(i in 1:a){
  for(j in 1:b){
    pij[i,j]=exp(mu+alpha[i]+beta[j])/(1+exp(mu+alpha[i]+beta[j]))
  }
}
mij_hat=rij*pij

# 尤度比検定の統計量
2*sum(nij*log(nij/mij_hat)+sum((rij-nij)*log((rij-nij)/(rij-mij_hat))))
↘
```

```
↘
# 自由度
df=(a-1)*(b-1)

qchisq(1-0.05,df)
```

◆ levenberg(1944)

○出力結果(リスト9-2)

```
> mu : μ̂
[1] -0.3032617

> alpha : α̂ = (α̂1,α̂2,… ,α̂a)
[1] 0.3672727   0.0000000

> beta : β̂ = (β̂1,β̂2,… ,β̂b)
[1] -1.4440100   -0.4438443    0.0000000

> #尤度比検定の統計量
> 2*sum(nij*log(nij/mij_hat)+sum((rij-nij)*log((rij-nij)/(rij-mij_hat))))
[1] 2.624435
>
> #自由度
> df=(a-1)*(b-1)
>
> #分位点(有意差なし)
> qchisq(1-0.05,df)
[1] 5.991465
```

○図9-5:リスト9-2の計算結果($\widehat{p_{ij}}$)

	2番目	3-4番目	5番目
問題児	0.201009	0.406167	0.515997
対象群	0.148392	0.321452	0.42476

○図9-6:リスト9-2の計算結果(m_{ij})

	2番目	3-4番目	5番目
問題児	20.50293	27.2132	25.28387
対象群	9.497065	14.7868	15.71613

○リスト9-2：list9-2.R

```
# 母親の総数
rij=matrix(c(102,64,67,46,49,37),ncol=3)

# 以前出産事故のあった母親の総数
nij=matrix(c(20,10,26,16,27,14),ncol=3)

a=nrow(rij);b=ncol(rij)

f=function(x){
  mu=x[1];x=x[-1]
  alpha=x[1:a];x=x[-c(1:a)];
  beta=x;
  mat_ab=array(0,dim=c(a,b))
  for(i in 1:a){
    for(j in 1:b){
      mat_ab[i,j]=rij[i,j]*exp(mu+alpha[i]+beta[j])/(1+exp(mu+alpha[i]+beta[j]))
    }
  }

  mat_a=-apply(mat_ab,1,sum)+apply(nij,1,sum)
  mat_b=-apply(mat_ab,2,sum)+apply(nij,2,sum)
  mat_ab=-sum(mat_ab)+sum(nij)
  return(c(mat_ab,mat_a,mat_b))
}

# levenberg(1944)

# 初期値
X=rep(0,a+b+1)

# 反復計算回数
ite=10000

# 最小点から非常にかけ離れた点になるのを防ぐためのスカラ
eta=10^(-2)

# 差分メッシュ
h=0.01

# 正の小さいスカラ
w=0.1

for(l in 1:ite){
  # ヤコビアンを計算する箱を用意
  df=array(0,dim=c(length(X),length(X)))

  # 1次差分を用いて数値微分し、ヤコビアンを計算する
  for(j in 1:length(X)){
    vec=X;vec[j]=vec[j]+h
    df[j,]=(f(vec)-f(X))/h
  }
```

```
↘
  # 逆行列が特異にならないよう、対角成分をwで調整
  A=df%*%t(df)+diag(w,length(X))
  y=df%*%f(X)

  # 座標点更新の際に必要なベクトルを計算
  dx=solve(A)%*%(-y)

  # 0で固定のパラメータの更新量を0にする
  dx[c(3,6)]=0

  # 学習幅に従って座標点を更新
  X=X+eta*dx

  print(f(X))
}

# 計算結果から主効果等のパラメータを取り出す
mu=X[1];X=X[-1];alpha=X[1:a];X=X[-c(1:a)];beta=X

pij=array(0,dim=c(a,b))

for(i in 1:a){
  for(j in 1:b){
    pij[i,j]=exp(mu+alpha[i]+beta[j])/(1+exp(mu+alpha[i]+beta[j]))
  }
}
mij_hat=rij*pij

# 尤度比検定の統計量
2*sum(nij*log(nij/mij_hat)+sum((rij-nij)*log((rij-nij)/(rij-mij_hat))))

# 自由度
df=(a-1)*(b-1)

qchisq(1-0.05,df)
```

◆ Broyden Quasi-Newton Algorithm

○出力結果（リスト9-3）

```
> mu : μ̂
[1] -0.3033423

> alpha : α̂ = (α̂1, α̂2, … , α̂a)
[1] 0.3672632   0.0000000
↘
```

```
↘
> beta : β̂ = (β̂1,β̂2,… ,β̂b)
[1] -1.4439797  -0.4438295   0.0000000
> #尤度比検定の統計量
> 2*sum(nij*log(nij/mij_hat)+sum((rij-nij)*log((rij-nij)/(rij-mij_hat))))
[1] 2.57354
>
> #自由度
> df=(a-1)*(b-1)
>
> #分位点(有意差なし)
> qchisq(1-0.05,df)
[1] 5.991465
```

○図9-7：リスト9-3の計算結果（$\widehat{p_{ij}}$）

	2番目	3-4番目	5番目
問題児	0.201	0.406149	0.515975
対象群	0.148385	0.321438	0.424741

○図9-8：リスト9-3の計算結果（m_{ij}）

	2番目	3-4番目	5番目
問題児	20.50195	27.21198	25.28276
対象群	9.496659	14.78614	15.7154

○リスト9-3：list9-3.R

```
# 母親の総数
rij=matrix(c(102,64,67,46,49,37),ncol=3)

# 以前出産事故のあった母親の総数
nij=matrix(c(20,10,26,16,27,14),ncol=3)

a=nrow(rij);b=ncol(rij)

f=function(x){
  mu=x[1];x=x[-1]
  alpha=x[1:a];x=x[-c(1:a)];
  beta=x;
  mat_ab=array(0,dim=c(a,b))
  for(i in 1:a){
    for(j in 1:b){
      mat_ab[i,j]=rij[i,j]*exp(mu+alpha[i]+beta[j])/(1+exp(mu+alpha[i]+beta[j]))
    }
  }
↘
```

```
↘
  mat_a=-apply(mat_ab,1,sum)+apply(nij,1,sum)
  mat_a[length(mat_a)]=0
  mat_b=-apply(mat_ab,2,sum)+apply(nij,2,sum)
  mat_b[length(mat_b)]=0
  mat_ab=-sum(mat_ab)+sum(nij)
  return(c(mat_ab,mat_a,mat_b))
}

# Broyden Quasi-Newton Algorithm

# 初期値
X=rep(0,a+b+1)

# 反復計算回数
ite=10000

# 最小点から非常にかけ離れた点になるのを防ぐためのスカラ
eta=10^(-3)

# ヤコビアンの初期値
H=diag(f(X))

for(l in 1:ite){
  # 以前の座標点を保存
  X_pre=X

  # 座標点を更新
  X=X-eta*H%*%f(X)

  # 以前の座標点と更新された座標点の差のベクトル(s)
  s=X-X_pre

  # 以前の座標点と更新された座標点の関数値の差のベクトル(y)
  y=f(X)-f(X_pre)

  # ヤコビアンの近似行列を更新する
  H=H+((s-H%*%y)/as.numeric(t(s)%*%H%*%y))%*%t(s)%*%H

  print((f(X)))
}

# 計算結果から主効果等のパラメータを取り出す
mu=X[1];X=X[-1];alpha=X[1:a];X=X[-c(1:a)];beta=X

pij=array(0,dim=c(a,b))

for(i in 1:a){
  for(j in 1:b){
    pij[i,j]=exp(mu+alpha[i]+beta[j])/(1+exp(mu+alpha[i]+beta[j]))
  }
}

mij_hat=rij*pij
                                                                      ↘
```

```
↘
# 尤度比検定の統計量
2*sum(nij*log(nij/mij_hat)+sum((rij-nij)*log((rij-nij)/(rij-mij_hat))))

# 自由度
df=(a-1)*(b-1)

qchisq(1-0.05,df)
```

◆重み付き最小二乗法

経験ロジスティック変換

$$z_{ij} = \log\left(\frac{n_{ij}}{r_{ij} - n_{ij}}\right)$$

による近似的な線形模型を考えます。

まず分散を計算するため、z_{ij}を$\frac{n_{ij}}{r_{ij}}$の期待値p_{ij}の周りで展開すると、展開公式は、

$$f(x) = f(a) + (x-a)f'(a) + \frac{(x-a)^2}{2}f''(a) + \cdots$$

なので、$x = \frac{n_{ij}}{r_{ij}}$、$a = p_{ij}$、$z(x) = f(x)$として計算し、$f(a) = \log\left(\frac{p_{ij}}{1-p_{ij}}\right)$、$f'(a) = \frac{1}{p_{ij}(1-p_{ij})}$、$f''(a) = \frac{2p_{ij}-1}{(p_{ij}(1-p_{ij}))^2}$を代入すると、

$$z_{ij} = \log\left(\frac{p_{ij}}{1-p_{ij}}\right) + \frac{1}{p_{ij}(1-p_{ij})}\left(\frac{n_{ij}}{r_{ij}} - p_{ij}\right) + \frac{2p_{ij}-1}{2(p_{ij}(1-p_{ij}))^2}\left(\frac{n_{ij}}{r_{ij}} - p_{ij}\right)^2$$

ここで2項分布の平均と分散

$$E[n_{ij}] = r_{ij}p_{ij}$$

$$V[n_{ij}] = r_{ij}p_{ij}(1-p_{ij})$$

より、上式第2項までで平均、分散をとると

$$E[z_{ij}] \sim \log\left(\frac{p_{ij}}{1-p_{ij}}\right)$$

$$V[z_{ij}] \sim V\left[\frac{1}{p_{ij}(1-p_{ij})}\left(\frac{n_{ij}}{r_{ij}} - p_{ij}\right)\right] = V\left[\frac{1}{p_{ij}(1-p_{ij})}\left(\frac{n_{ij}}{r_{ij}}\right)\right]$$

$$= \frac{V[n_{ij}]}{(r_{ij}p_{ij}(1-p_{ij}))^2} = \frac{1}{r_{ij}p_{ij}(1-p_{ij})}$$

この分散に対して、$p_{ij} = \frac{n_{ij}}{r_{ij}}$と置きなおして一致推定量を得ると

$$V[z_{ij}] \sim \frac{r_{ij}}{n_{ij}(r_{ij}-n_{ij})}$$

となります。このとき、線形模型

$$z_{ij} = \mu + \alpha_i + \beta_j + \gamma_{ij} + e_{ij}$$

とすれば、

$$V[e_{ij}] \sim \frac{r_{ij}}{n_{ij}(r_{ij}-n_{ij})}$$

となると考えられます。重みw_{ij}を

$$w_{ij} = (V[e_{ij}])^{-\frac{1}{2}} = \left(\frac{n_{ij}(r_{ij}-n_{ij})}{r_{ij}}\right)^{\frac{1}{2}}$$

とし、これにより規準化された変数を新たに

$$y_{ij} = w_{ij}z_{ij} = w_{ij}(\mu + \alpha_i + \beta_j + \gamma_{ij} + e_{ij}) = w_{ij}(\mu + \alpha_i + \beta_j + \gamma_{ij}) + w_{ij}e_{ij}$$

と置きます。

以下ではこのy_{ij}式をもとに交互作用γ_{ij}を除いた線形模型をたてて、検定による調査を、データをもとに行います。これより、結果としては各準ニュートン法で得られた結果と今回計算した重み付き最小二乗法によるもので交互作用に対する検定の結果が一致することが確認できます。

計算されたy_{ij}をもとに式を組み立てると、

$$\begin{bmatrix} w_{11}z_{11} \\ w_{12}z_{12} \\ w_{13}z_{13} \\ w_{21}z_{21} \\ w_{22}z_{22} \\ w_{23}z_{23} \end{bmatrix} = W \begin{bmatrix} \mu \\ \alpha \\ \beta_1 \\ \beta_2 \\ \gamma_{11} \\ \gamma_{12} \end{bmatrix} + \text{誤差}$$

ただし、Wは

$$\begin{bmatrix} w_{11} & w_{11} & w_{11} & 0 & w_{11} & 0 \\ w_{12} & w_{12} & 0 & w_{12} & 0 & w_{12} \\ w_{13} & w_{13} & 0 & 0 & 0 & 0 \\ w_{21} & 0 & w_{21} & 0 & 0 & 0 \\ w_{22} & 0 & 0 & w_{22} & 0 & 0 \\ w_{23} & 0 & 0 & 0 & 0 & 0 \end{bmatrix}$$

で表される行列です。交互作用の検定 $H_{\gamma}\colon \gamma_{11} = \gamma_{12} = 0$ を確かめるため、2つの方法で計算しました(**リスト9-4**)。

❶行列 W の1〜4列を抜き出し(交互作用の列を排除し)、正規方程式を解くことによってμ、α、β_1、β_2のパラメータを計算する

❷$\mu + \beta_1$をμ_1、$\mu + \beta_2$をμ_2、μをμ_3として、新たな変換式

$$\begin{bmatrix} w_{11}z_{11} \\ w_{12}z_{12} \\ w_{13}z_{13} \\ w_{21}z_{21} \\ w_{22}z_{22} \\ w_{23}z_{23} \end{bmatrix} = Q \begin{bmatrix} \mu \\ \alpha \\ \beta_1 \\ \beta_2 \end{bmatrix} + \text{誤差}$$

ここでQは

$$\begin{bmatrix} w_{11} & w_{11} & 0 & 0 \\ w_{12} & 0 & w_{12} & 0 \\ w_{13} & 0 & 0 & w_{13} \\ 0 & w_{21} & 0 & 0 \\ 0 & 0 & w_{22} & 0 \\ 0 & 0 & 0 & w_{23} \end{bmatrix}$$

となる行列で、これで正規方程式を解くことによってμ、α、β_1、β_2のパラメータを計算

○リスト9-4：list9-4.R

```
# 重み付き最小二乗法

# 母親の母数
r_data=data.frame(i=c(1,2),r1=c(102,64),r2=c(67,46),r3=c(49,37))

# 以前に出産事故のあった母親の数
n_data=data.frame(i=c(1,2),n1=c(20,10),n2=c(26,16),n3=c(27,14))
rij=as.matrix(r_data[,2:ncol(r_data)])
nij=as.matrix(n_data[,2:ncol(n_data)])
a=nrow(rij);b=ncol(rij)

# 経験ロジスティック変換
zij=log(nij/(rij-nij))

# 重み
wij=sqrt(nij*(rij-nij)/rij)

# 帰無仮説(r11=r22=0)

# 計算法1
n=matrix(c(1,1,1,0,0,0,1,0,0,1,0,0,0,1,0,0,1,0,0,0,1,0,0,1),ncol=4)

# 目的変量となるもの
yij=c(t(zij*wij))

W=c(t(wij))
W_mat=n*W

# 交互作用の列を削除
W_mat2=W_mat[,1:4]

# 正規方程式を解く
solve(t(W_mat2)%*%W_mat2)%*%t(W_mat2)%*%yij

# 計算法2
n=matrix(c(1,1,1,0,0,0,1,0,0,1,0,0,0,1,0,0,1,0,0,0,1,0,0,1),ncol=4)

# 変換後の行列
mat=n*c(t(wij))

# 正規方程式を解く
trends=solve(t(mat)%*%mat)%*%t(mat)%*%yij

# 回帰係数を取り出す
alpha=c(trends[1],0);trends=trends[-1]

mu=trends[3];trends=trends[-3]

beta=c(trends-mu,0)

# 計算されたパラメータに従い、予測値を計算する
zij_hat=array(0,dim=c(a,b))
pij=array(0,dim=c(a,b))
```

```
↘
for(i in 1:a){
  for(j in 1:b){
    zij_hat[i,j]=mu+alpha[i]+beta[j]
    pij[i,j]=exp(zij_hat[i,j])/(1+exp(zij_hat[i,j]))
  }
}

# 交互作用がないかどうかを検定
Sr=sum(((zij_hat-zij)*wij)^2)

# Srと同等の値(もとの式)
yij%*%(diag(rep(1,6))-mat%*%solve(t(mat)%*%mat)%*%t(mat))%*%t(t(yij))

qchisq(1-0.05,df=(a-1)*(b-1))

mij_hat=rij*pij

# 適合度検定
kai2=sum((nij-mij_hat)^2/mij_hat)+sum(((rij-nij)-(rij-mij_hat))^2/(rij-mij_hat))
```

w_{ij}、z_{ij}、y_{ij}の計算結果は**表9-9～表9-11**となります。

◯図9-9：リスト9-4の計算結果（w_{ij}）

	2番目	3-4番目	5番目
問題児	4.009792	3.98879	3.481731
対象群	2.904738	3.230291	2.950034

◯図9-10：リスト9-4の計算結果（z_{ij}）

	2番目	3-4番目	5番目
問題児	-1.41099	-0.45548	0.204794
対象群	-1.6864	-0.62861	-0.49644

◯図9-11：リスト9-4の計算結果（y_{ij}）

	2番目	3-4番目	5番目
問題児	-5.65776	-1.8168	0.713039
対象群	-4.89855	-2.03059	-1.46451

W は次のような行列です。

$$
\begin{bmatrix}
4.009792 & 4.009792 & 4.009792 & 0 & 4.009792 & 0 \\
3.98879 & 3.98879 & 0 & 3.98879 & 0 & 3.98879 \\
3.481731 & 3.481731 & 0 & 0 & 0 & 0 \\
2.904738 & 0 & 2.904738 & 0 & 0 & 0 \\
3.230291 & 0 & 0 & 3.230291 & 0 & 0 \\
2.950034 & 0 & 0 & 0 & 0 & 0
\end{bmatrix}
$$

Q は次のような行列です。

$$
\begin{bmatrix}
4.009792 & 4.009792 & 0 & 0 \\
3.98879 & 0 & 3.98879 & 0 \\
3.481731 & 0 & 0 & 3.481731 \\
0 & 2.904738 & 0 & 0 \\
0 & 0 & 3.230291 & 0 \\
0 & 0 & 0 & 2.950034
\end{bmatrix}
$$

計算された回帰係数の値は次のようになりました。

○出力結果（回帰係数の値）

```
> mu : μ̂
[1] -0.3006616

> alpha : α̂ = (α̂1, α̂2, … , α̂a)
[1] 0.3649091   0.0000000

> beta : β̂ = (β̂1, β̂2, … , β̂b)
[1] -1.4444327   -0.4437646    0.0000000
```

各予測値については計算されたパラメータを用いて**表9-12〜表9-14**になります。

○図9-12：リスト9-4の計算結果（$\widehat{z_{ij}}$）

	2番目	3-4番目	5番目
問題児	-1.38019	-0.37952	0.064247
対象群	-1.74509	-0.74443	-0.30066

○図9-13：リスト9-4の計算結果（$\widehat{p_{ij}}$）

	2番目	3-4番目	5番目
問題児	0.200979	0.406243	0.516056
対象群	0.148667	0.322037	0.425396

○図9-14：リスト9-4の計算結果（$\widehat{n_{ij}}$）

	2番目	3-4番目	5番目
問題児	20.49988	27.2183	25.28676
対象群	9.514689	14.8137	15.73964

ただし、

$$\widehat{p_{ij}} = \frac{\exp(\hat{\mu} + \widehat{\alpha}_i + \widehat{\beta}_j)}{1 + \exp(\hat{\mu} + \widehat{\alpha}_i + \widehat{\beta}_j)}$$

これらをもとに検定を行うため、検定統計量

$$S_\gamma = \sum_{i,j} (w_{ij}(z_{ij} - \widehat{z_{ij}}))^2$$

もしくは

$$\boldsymbol{y} = \begin{bmatrix} w_{11}z_{11} \\ w_{12}z_{12} \\ w_{13}z_{13} \\ w_{21}z_{21} \\ w_{22}z_{22} \\ w_{23}z_{23} \end{bmatrix}$$

とおいて表される

$$S_\gamma = \boldsymbol{y}'(I - Q(Q'Q)^{-1}Q')\,\boldsymbol{y}$$

が自由度(a-1)(b-1)のカイ二乗分布に従うとみなすことができるので、これをもとに計算すると、次のように有意差がなく、帰無仮説が棄却されません。これは準ニュートン法での結果と同じです。

○出力結果（交互作用がないかどうかを検定）

```
> Sr=sum(((zij_hat-zij)*wij)^2)
>
> Sr
[1] 0.849107
>
> qchisq(1-0.05,df=(a-1)*(b-1))
[1] 5.991465
```

精度検証を行うため、適合度検定をすると、次のように精度としても問題ないと言えます。

○出力結果（適合度検定）

```
> kai2=sum((nij-mij_hat)^2/mij_hat)+sum(((rij-nij)-(rij-mij_hat))^2/(rij-mij_hat))
>
> kai2
[1] 0.8507784
```

第10章

比例危険度モデル（ワイブル分布）

生存時間解析で使用されるモデルについて、準ニュートン法およびニュートンラフソン法を用いて、各パラメータを計算します。得られたパラメータについて、どの方法においても、大きな相違がないことが確認できます。

10-1 生存時間解析によるモデル、比例危険度モデルの最尤推定

生存時間解析によるモデル、比例危険度モデルの最尤推定をニュートンラフソン法および準ニュートン法によって行います。各特徴量によって、生存時刻における密度関数や生存関数がどのように変わるのか確認できます。

危険度関数$h(t)$は「t時点直前までイベントが起こらなかったという条件の下で, t時点でイベントが起こる瞬間的な確率」、あるいは「瞬間死亡率」を表します。

各データ(観測値)を

- **生存時間の観測値**：$t_i, i = 1, \ldots, n$
- **打ち切り(0：打ち切り、1：打ち切りでない)**：$\delta_i, i = 1, \ldots, n$

とします。生存時刻の分布系に対し、ワイブル分布なので、

- **生存時刻の密度関数**：$f(t) = \theta\gamma t^{\gamma-1}\exp(-\theta t^{\gamma}) = h(t)S(t)$
- **生存関数**：$S(t) = \int_t^{\infty} f(s)ds = \exp(-\theta t^{\gamma})$
- **危険度関数**：$h(t) = \theta\gamma t^{\gamma-1}$

ただし、$\theta = \exp(\boldsymbol{x}'\boldsymbol{\beta})$で$\boldsymbol{x} = (x_1, x_2, \ldots, x_p)'$、$\boldsymbol{\beta}$は回帰係数です。尤度関数は

$$L = \prod_i^n (f(t_i))^{\delta_i}(S(t_i))^{1-\delta_i}$$

よって、対数尤度は

$$\log(L) = \sum_i^n \delta_i \log\big(f(t_i)\big) + (1-\delta_i)\log\big(S(t_i)\big)$$

これを書き直すと

$$\log(L)=\sum_{i}^{n}\delta_i(\boldsymbol{x_i}'\boldsymbol{\beta}+log(\gamma)+(\gamma-1)log(t_i))-\exp(\boldsymbol{x_i}'\boldsymbol{\beta})t_i^{\gamma}$$

γ、$\boldsymbol{\beta}$ の最尤推定量は

$$\frac{\partial\log(L)}{\partial\beta_i}=0\quad i=1,2,\dots\ ,p$$

$$\frac{\partial\log(L)}{\partial\gamma}=0$$

を解くことによって得られます。

偏微分した式はそれぞれ、

$$\frac{\partial\log(L)}{\partial\beta_j}=\sum_{i}^{n}\delta_i x_{ij}-x_{ij}\exp(\boldsymbol{x_i}'\boldsymbol{\beta})t_i^{\gamma}$$

$$\frac{\partial\log(L)}{\partial\gamma}=\sum_{i}^{n}\delta_i\left(\frac{1}{\gamma}+\log(t_i)\right)-\exp(\boldsymbol{x_i}'\boldsymbol{\beta})t_i^{\gamma}\log(t_i)$$

$$\frac{\partial^2\log(L)}{\partial\gamma^2}=\sum_{i}^{n}\delta_i\left(\frac{-1}{\gamma^2}\right)-\exp(\boldsymbol{x_i}'\boldsymbol{\beta})t_i^{\gamma}(\log(t_i))^2$$

$$\frac{\partial^2\log(L)}{\partial\beta_j\partial\beta_k}=\sum_{i}^{n}-x_{ij}x_{ik}\exp(\boldsymbol{x_i}'\boldsymbol{\beta})t_i^{\gamma}$$

$$\frac{\partial^2\log(L)}{\partial\beta_j\partial\gamma}=\frac{\partial^2\log(L)}{\partial\gamma\partial\beta_j}=\sum_{i}^{n}-x_{ij}\exp(\boldsymbol{x_i}'\boldsymbol{\beta})t_i^{\gamma}\log(t_i)$$

となります。

以降では具体的な数値例を提示していきます。

10-2 データの説明

患者65人に対して、生存期間（月）に影響を与える要因を探すためのデータです[注1]（表10-1）。

特徴量としては、次のとおりです

- id ：患者ID
- t ：生存期間（月）
- X2：log(尿素窒素)、血清中に尿素として含まれる窒素
- X3：ヘモグロビン
- X4：年齢
- X5：男性0、女性1
- X6：血清カルシウム
- δ ：打ち切り

◯表10-1：骨髄腫患者の生存期間のデータ

id	t	X2	X3	X4	X5	X6	δ
1	1	2.218	9.4	67	0	10	1
2	1	1.94	12	38	0	18	1
3	2	1.519	9.8	81	0	15	1
4	2	1.748	11.3	75	0	12	1
5	2	1.301	5.1	57	0	9	1
6	3	1.544	6.7	46	1	10	1
7	5	2.236	10.1	50	1	9	1
8	5	1.681	6.5	74	0	9	1
9	6	1.362	9	77	0	8	1
10	6	2.114	10.2	70	1	8	1
11	6	1.114	9.7	60	0	10	1
12	6	1.415	10.4	67	1	8	1
13	7	1.978	9.5	48	0	10	1

注1） 蓑谷千凰彦、『一般化線形モデルと生存分析』（朝倉書店）

14	7	1.041	5.1	61	1	10	1
15	7	1.176	11.4	53	1	13	1
16	9	1.724	8.2	55	0	12	1
17	11	1.114	14	61	0	10	1
18	11	1.23	12	43	0	9	1
19	11	1.301	13.2	65	0	10	1
20	11	1.508	7.5	70	0	12	1
21	11	1.079	9.6	51	1	9	1
22	13	0.778	5.5	60	1	10	1
23	14	1.398	14.6	66	0	10	1
24	15	1.602	10.6	70	0	11	1
25	16	1.342	9	48	0	10	1
26	16	1.322	8.8	62	1	10	1
27	17	1.23	10	53	0	9	1
28	17	1.591	11.2	68	0	10	1
29	18	1.447	7.5	65	1	8	1
30	19	1.079	14.4	51	0	15	1
31	19	1.255	7.5	60	1	9	1
32	24	1.301	14.6	56	1	9	1
33	25	1	12.4	67	0	10	1
34	26	1.23	11.2	49	1	11	1
35	32	1.322	10.6	46	0	9	1
36	35	1.114	7	48	0	10	1
37	37	1.602	11	63	0	9	1
38	41	1	10.2	69	0	10	1
39	42	1.146	5	70	1	9	1
40	51	1.568	7.7	74	0	13	1
41	52	1	10.1	60	1	10	1
42	54	1.255	9	49	0	10	1
43	58	1.204	12.1	42	1	10	1
44	66	1.447	6.6	59	0	9	1
45	67	1.322	12.8	52	0	10	1
46	88	1.176	10.6	47	1	9	1
47	89	1.322	14	63	0	9	1
48	92	1.431	11	58	1	11	1

49	4	1.945	10.2	59	0	10	0
50	4	1.924	10	49	1	13	0
51	7	1.114	12.4	48	1	10	0
52	7	1.532	10.2	81	0	11	0
53	8	1.079	9.9	57	1	8	0
54	12	1.146	11.6	46	1	7	0
55	11	1.613	14	60	0	9	0
56	12	1.398	8.8	66	1	9	0
57	13	1.663	4.9	71	1	9	0
58	16	1.146	13	55	0	9	0
59	19	1.322	13	59	1	10	0
60	19	1.322	10.8	69	1	10	0
61	28	1.23	7.3	82	1	9	0
62	41	1.756	12.8	72	0	9	0
63	53	1.114	12	66	0	11	0
64	57	1.255	12.5	66	0	11	0
65	77	1.079	14	60	0	12	0

◆ニュートンラフソン法

○表10-2：リスト10-1の計算結果

モデルの係数	パラメータ
γ	1.134260084
定数項	-5.18063162
X2	1.851452049
X3	-0.134207806
X4	-0.02123986
X5	-0.040408353
X6	0.137460431

○リスト10-1：list10-1.R

```
# 生存時間モデル：ワイブル分布の場合（ニュートンラフソン法）
data=data.frame(id=c(1:65),t=c(1,1,2,2,2,3,5,5,6,6,6,6,7,7,7,9,11,11,11,11,11,13,
14,15,16,16,17,17,18,19,19,24,25,26,32,35,37,41,42,51,52,54,58,66,67,88,89,92,4,4,
7,7,8,12,11,12,13,16,19,19,28,41,53,57,77),X2=c(2.218,1.94,1.519,1.748,1.301,1.544
↘
```

```
↘
,2.236,1.681,1.362,2.114,1.114,1.415,1.978,1.041,1.176,1.724,1.114,1.23,1.301,1.50
8,1.079,0.778,1.398,1.602,1.342,1.322,1.23,1.591,1.447,1.079,1.255,1.301,1,1.23,1.
322,1.114,1.602,1,1.146,1.568,1,1.255,1.204,1.447,1.322,1.176,1.322,1.431,1.945,1.
924,1.114,1.532,1.079,1.146,1.613,1.398,1.663,1.146,1.322,1.322,1.23,1.756,1.114,1
.255,1.079),X3=c(9.4,12,9.8,11.3,5.1,6.7,10.1,6.5,9,10.2,9.7,10.4,9.5,5.1,11.4,8.2
,14,12,13.2,7.5,9.6,5.5,14.6,10.6,9,8.8,10,11.2,7.5,14.4,7.5,14.6,12.4,11.2,10.6,7
,11,10.2,5,7.7,10.1,9,12.1,6.6,12.8,10.6,14,11,10.2,10,12.4,10.2,9.9,11.6,14,8.8,4
.9,13,13,10.8,7.3,12.8,12,12.5,14),X4=c(67,38,81,75,57,46,50,74,77,70,60,67,48,61,
53,55,61,43,65,70,51,60,66,70,48,62,53,68,65,51,60,56,67,49,46,48,63,69,70,74,60,4
9,42,59,52,47,63,58,59,49,48,81,57,46,60,66,71,55,59,69,82,72,66,66,60),X5=c(0,0,0
,0,0,1,1,0,0,1,0,1,0,1,1,0,0,0,0,1,1,0,0,0,1,0,0,1,0,1,1,0,1,0,0,0,0,1,0,1,0,1,0
,0,1,0,1,0,1,1,0,1,1,0,1,1,0,1,1,1,0,0,0,0),X6=c(10,18,15,12,9,10,9,9,8,8,10,8,10,
10,13,12,10,9,10,12,9,10,10,11,10,10,9,10,8,15,9,9,10,11,9,10,9,10,9,13,10,10,10,9
,10,9,9,11,10,13,10,11,8,7,9,9,9,9,10,10,9,9,11,11,12),delta=c(rep(1,48),rep(0,17)))

t=data$t;delta=data$delta

XX=as.matrix(cbind(rep(1,length(t)),data[,colnames(data) %in%
c("X2","X3","X4","X5","X6")]))

# 反復計算回数
ite=10^4

# 学習率
eta=0.1

# パラメータの初期値
X=rep(1,ncol(XX)+1)

for(l in 1:ite){
  a=X[1];b=X[-1]
  f1=sum(delta*(1/a+log(t))-exp(XX%*%c(b))*log(t)*t^a)
  f2=apply(XX*c(delta),2,sum)-apply(XX*c(exp(XX%*%b)*t^a),2,sum)
  df=c(f1,f2)
  ddf=array(0,dim=c(length(X),length(X)))
  ddf[1,1]=sum(delta*(-1/(a^2)))-sum(exp(XX%*%c(b))*(t^a)*(log(t)^2))
  ddf[1,2:ncol(ddf)]=c(-apply(XX*c(exp(XX%*%c(b))*(log(t))*t^a),2,sum))
  ddf[2:ncol(ddf),1]=c(-apply(XX*c(exp(XX%*%c(b))*(log(t))*t^a),2,sum))

  for(i in 2:ncol(ddf)){
    for(j in 2:nrow(ddf)){
      ddf[i,j]=-sum(XX[,(i-1)]*XX[,(j-1)]*exp(XX%*%c(b))*t^a)
    }
  }
  X=X-eta*solve(ddf)%*%df
  alpha=X[1];beta=X[-1]

  # 対数尤度
  loglik=sum(delta*(XX%*%c(beta)+log(rep(alpha,length(t)))+(rep(alpha,length
(t))-1)*log(t)))-sum(exp(XX%*%c(beta))*t^alpha)

  print(loglik)
}
```

◆ fiacco, mccormick（1968）、murtagh, sargent（1969）

○表10-3：リスト10-2の計算結果

モデルの係数	パラメータ
γ	1.134217
定数項	-5.17978
X2	1.850757
X3	-0.13415
X4	-0.02123
X5	-0.0404
X6	0.137415

○リスト10-2：list10-2.R

```
# 生存時間モデル：ワイブル分布の場合（準ニュートン法）
data=data.frame(id=c(1:65),t=c(1,1,2,2,2,3,5,5,6,6,6,6,7,7,7,9,11,11,11,11,11,13,
14,15,16,16,17,17,18,19,19,24,25,26,32,35,37,41,42,51,52,54,58,66,67,88,89,92,4,4,
7,7,8,12,11,12,13,16,19,19,28,41,53,57,77),X2=c(2.218,1.94,1.519,1.748,1.301,1.544
,2.236,1.681,1.362,2.114,1.114,1.415,1.978,1.041,1.176,1.724,1.114,1.23,1.301,1.50
8,1.079,0.778,1.398,1.602,1.342,1.322,1.23,1.591,1.447,1.079,1.255,1.301,1,1.23,1.
322,1.114,1.602,1,1.146,1.568,1,1.255,1.204,1.447,1.322,1.176,1.322,1.431,1.945,1.
924,1.114,1.532,1.079,1.146,1.613,1.398,1.663,1.146,1.322,1.322,1.23,1.756,1.114,1
.255,1.079),X3=c(9.4,12,9.8,11.3,5.1,6.7,10.1,6.5,9,10.2,9.7,10.4,9.5,5.1,11.4,8.2
,14,12,13.2,7.5,9.6,5.5,14.6,10.6,9,8.8,10,11.2,7.5,14.4,7.5,14.6,12.4,11.2,10.6,7
,11,10.2,5,7.7,10.1,9,12.1,6.6,12.8,10.6,14,11,10.2,10,12.4,10.2,9.9,11.6,14,8.8,4
.9,13,13,10.8,7.3,12.8,12,12.5,14),X4=c(67,38,81,75,57,46,50,74,77,70,60,67,48,61,
53,55,61,43,65,70,51,60,66,70,48,62,53,68,65,51,60,56,67,49,46,48,63,69,70,74,60,4
9,42,59,52,47,63,58,59,49,48,81,57,46,60,66,71,55,59,69,82,72,66,66,60),X5=c(0,0,0
,0,0,1,1,0,0,1,0,1,0,1,1,0,0,0,0,0,1,1,0,0,0,1,0,0,1,0,1,1,0,1,0,0,0,0,1,0,1,0,1,0
,0,1,0,1,0,1,1,0,1,1,0,1,1,0,1,1,1,0,0,0,0),X6=c(10,18,15,12,9,10,9,9,8,8,10,8,10,
10,13,12,10,9,10,12,9,10,10,11,10,10,9,10,8,15,9,9,10,11,9,10,9,10,9,13,10,10,10,9
,10,9,9,11,10,13,10,11,8,7,9,9,9,9,10,10,9,9,11,11,12),
delta=c(rep(1,48),rep(0,17)))

t=data$t;delta=data$delta

XX=as.matrix(cbind(rep(1,length(t)),data[,colnames(data) %in%
c("X2","X3","X4","X5","X6")]))

# fiacco, mccormick（1968）、murtagh, sargent（1969）

# 関数定義
f<-function(x){
  a=x[1];b=x[-1]
  f1=sum(delta*(1/a+log(t))-exp(XX%*%c(b))*log(t)*t^a)
  f2=apply(XX*c(delta),2,sum)-apply(XX*c(exp(XX%*%b)*t^a),2,sum)
  return(c(f1,f2))
}
```

```
↘
# 初期値
X=c(1,rep(10^(-4),ncol(XX)))

# ヘッシアンの近似行列の初期値
H=diag(1,length(X))

# 反復計算回数
ite=150000

# 最小点から非常にかけ離れた点になるのを防ぐためのスカラ
eta=10^(-8)

for(l in 1:ite){
  # 学習率を徐々に上昇
  eta=eta+10^(-9)

  # 各代数方程式の値が入ったベクトル
  f_val=f(X)

  # 座標点に対する更新量ベクトル
  sigma=t(t(-H%*%f_val))

  # etaによって学習幅を設定し座標点を更新
  X=X+eta*sigma

  # 以前の座標点と更新された座標点の関数値の差のベクトル(y)
  y=f(X)-f_val

  #ヘッシアンの逆行列の近似行列の更新
  H=H+(eta*sigma-H%*%y)%*%t(eta*sigma-H%*%y)/as.numeric(t(y)%*%(eta*sigma-H%*%y))
  alpha=X[1];beta=X[-1]

  # 対数尤度
  loglik=sum(delta*(XX%*%c(beta)+log(rep(alpha,length(t)))+(rep(alpha,length
(t))-1)*log(t)))-sum(exp(XX%*%c(beta))*t^alpha)

  print(loglik)
}
```

◆ Broyden Quasi-Newton Algorithm

表10-4は81万回の反復計算での結果です。

○表10-4：リスト10-3の計算結果

モデルの係数	パラメータ
γ	1.131225
定数項	-5.19923
X2	1.846105
X3	-0.13407
X4	-0.02123
X5	-0.04075
X6	0.137341

○リスト10-3：list10-3.R

```
# 生存時間モデル：ワイブル分布の場合（準ニュートン法）
data=data.frame(i=c(1:65),t
=c(1,1,2,2,2,3,5,5,6,6,6,6,7,7,7,9,11,11,11,11,11,13,14,15,16,16,17,17,18,19,19,24
,25,26,32,35,37,41,42,51,52,54,58,66,67,88,89,92,4,4,7,7,8,12,11,12,13,16,19,19,28
,41,53,57,77),X2=c(2.218,1.94,1.519,1.748,1.301,1.544,2.236,1.681,1.362,2.114,1.11
4,1.415,1.978,1.041,1.176,1.724,1.114,1.23,1.301,1.508,1.079,0.778,1.398,1.602,1.3
42,1.322,1.23,1.591,1.447,1.079,1.255,1.301,1,1.23,1.322,1.114,1.602,1,1.146,1.568
,1,1.255,1.204,1.447,1.322,1.176,1.322,1.431,1.945,1.924,1.114,1.532,1.079,1.146,
1.613,1.398,1.663,1.146,1.322,1.322,1.23,1.756,1.114,1.255,1.079),X3=c(9.4,12,9.8,
11.3,5.1,6.7,10.1,6.5,9,10.2,9.7,10.4,9.5,5.1,11.4,8.2,14,12,13.2,7.5,9.6,5.5,14.6
,10.6,9,8.8,10,11.2,7.5,14.4,7.5,14.6,12.4,11.2,10.6,7,11,10.2,5,7.7,10.1,9,12.1,6
.6,12.8,10.6,14,11,10.2,10,12.4,10.2,9.9,11.6,14,8.8,4.9,13,13,10.8,7.3,12.8,12,
12.5,14),X4=c(67,38,81,75,57,46,50,74,77,70,60,67,48,61,53,55,61,43,65,70,51,60,66
,70,48,62,53,68,65,51,60,56,67,49,46,48,63,69,70,74,60,49,42,59,52,47,63,58,59,49,
48,81,57,46,60,66,71,55,59,69,82,72,66,66,60),X5=c(0,0,0,0,0,1,1,0,0,1,0,1,0,1,1,0
,0,0,0,0,1,1,0,0,0,1,0,0,1,0,1,1,0,1,0,0,0,0,1,0,1,0,1,0,0,1,0,1,0,1,1,0,1,1,0,1,1
,0,1,1,1,0,0,0,0),X6=c(10,18,15,12,9,10,9,9,8,8,10,8,10,10,13,12,10,9,10,12,9,10,1
0,11,10,10,9,10,8,15,9,9,10,11,9,10,9,10,9,13,10,10,10,9,10,9,9,11,10,13,10,11,8,7
,9,9,9,9,10,10,9,9,11,11,12),delta=c(rep(1,48),rep(0,17)))

t=data$t;delta=data$delta

XX=as.matrix(cbind(rep(1,length(t)),data[,colnames(data) %in%
c("X2","X3","X4","X5","X6")]))

# Broyden Quasi-Newton Algorithm
```

↘

```
↘
# 関数定義
f<-function(x){
  a=x[1];b=x[-1]
  f1=sum(delta*(1/a+log(t))-exp(XX%*%c(b))*log(t)*t^a)
  f2=apply(XX*c(delta),2,sum)-apply(XX*c(exp(XX%*%b)*t^a),2,sum)
  return(c(f1,f2))
}

# パラメータの初期値
X=c(1,rep(10^(-7),ncol(XX)))

# 反復計算回数
ite=10^6

# ヤコビアンの初期値
H=diag(f(X))

# 学習率
eta=10^(-11)

for(l in 1:ite){
  eta=eta+10^(-11)

  # 以前の座標点を保存
  X_pre=X

  # 座標点を更新
  X=X-eta*H%*%f(X)

  # 以前の座標点と更新された座標点の差のベクトル(s)
  s=X-X_pre

  # 以前の座標点と更新された座標点の関数値の差のベクトル(y)
  y=f(X)-f(X_pre)

  # ヤコビアンの近似行列を更新する
  H=H+((s-H%*%y)/as.numeric(t(s)%*%H%*%y))%*%t(s)%*%H
  alpha=X[1];beta=X[-1]

  # 対数尤度
  loglik=sum(delta*(XX%*%c(beta)+log(rep(alpha,length(t)))+(rep(alpha,length
(t))-1)*log(t)))-sum(exp(XX%*%c(beta))*t^alpha)

  print(loglik)
}
```

参考文献

[1]赤坂隆、『数値計算』、コロナ社
[2]河口至商、『多変量解析入門Ⅰ』、森北出版
[3]河口至商、『多変量解析入門Ⅱ』、森北出版
[4]蓑谷千凰彦、『一般化線形モデルと生存分析』、朝倉書店
[5]Robert E. White、『An introduction to the Finite Element Method with Applications to Nonlinear Problems』、Wiley-Inter science
[6]竹内啓・藤野和建、『スポーツの数理科学――もっと楽しむための数字の読み方』、共立出版
[7]小西貞則、『多変量解析入門――線形から非線形へ』、岩波書店
[8]廣津千尋、『離散データ解析』、教育出版
[9]星野聡、『数値計算の技法』、コロナ社
[10]早川毅、『回帰分析の基礎』、朝倉書店
[11]Alan Jeffrey、『Handbook of Mathematical Formulas and Integrals』(Second Edition)、Academic Press

著者紹介

小酒井 亮太（こざかい りょうた）

理学博士。トレイダーズ証券、Albert、パーソルキャリアでデータサイエンティストとして従事し、現在は名古屋大学発ベンチャーにてデータ構築や医療検査系のデータ分析を行う。大学の研究員を兼務。

●装丁　土屋裕子（株式会社ウエイド）
●本文デザイン／レイアウト　朝日メディアインターナショナル株式会社
●編集　取口敏憲

■お問い合わせについて

本書に関するご質問は、本書に記載されている内容に関するもののみとさせていただきます。本書の内容と関係のないご質問につきましては、いっさいお答えできませんので、あらかじめご了承ください。また、電話でのご質問は受け付けておりませんので、本書サポートページを経由していただくか、FAX・書面にてお送りください。

<問い合わせ先>

●本書サポートページ
https://gihyo.jp/book/2021/978-4-297-11968-3
本書記載の情報の修正・訂正・補足などは当該Webページで行います。

● FAX・書面でのお送り先
〒162-0846　東京都新宿区市谷左内町21-13
株式会社技術評論社　雑誌編集部
「機械学習・統計処理のための数学入門――基本演算からRプログラミングまで」係
FAX：03-3513-6173

なお、ご質問の際には、書名と該当ページ、返信先を明記してくださいますよう、お願いいたします。

お送りいただいたご質問には、できる限り迅速にお答えできるよう努力いたしておりますが、場合によってはお答えするまでに時間がかかることがあります。また、回答の期日をご指定なさっても、ご希望にお応えできるとは限りません。あらかじめご了承くださいますよう、お願いいたします。

機械学習・統計処理のための数学入門
――基本演算からRプログラミングまで

2021年3月16日　初版　第1刷発行

著　者　小酒井亮太

発行者　片岡　巌
発行所　株式会社技術評論社
東京都新宿区市谷左内町21-13
TEL：03-3513-6150（販売促進部）
TEL：03-3513-6177（雑誌編集部）
印刷／製本　昭和情報プロセス株式会社

定価はカバーに表示してあります。

978-4-297-11968-3 C3055

Japan